進 化 す る ト イ レ

日本トイレ協会編

災害とトイレ
緊急事態に備えた対応

柏書房

はじめに

私たちはおそらく世界でもっとも快適にトイレが使える国に住んでいる。日常では外出先でもトイレに困ることはほとんどない。もちろんトイレに不自由を感じている人も少なくないが、そのことを社会的な問題として認識して、改善に努めようとしている国はそれほど多くはないだろう。

一方で災害時のトイレについてはどうだろう。1995年の阪神・淡路大震災以降、度重なる災害の経験から、災害トイレについてもいろいろな対策が講じられてきた。マンホールトイレの開発や普及、携帯トイレの備蓄、被災地からの要請がなくともトイレ関連の物資を国が支援する「プッシュ型支援」など、国や自治体の取り組みはかなり進んできている。

しかし官民のいろいろな取り組みの全体を見通すことは出来にくい。特別な法律や制度の下で進められているわけではないからだ。

本書のねらいは、災害トイレの取り組みがどうなっているのか「見える化」するとともに、あまり知られていない現場からの情報を読者に提供することにある。

第1章では、これまでの大きな災害のときにトイレがどうなったか、どんなことが起きたか、経験と教訓をまとめている。それぞれ実際に被災地の現場で見聞したリアルな内容である。災害トイレは数だけでなく、高齢者や女性、障害者など多様な利用者に配慮したユニバーサルな視点が考慮されなければならない。

第2章では国や自治体の施策の現状と、災害トイレ計画の必要性や手法を述べている。行政が必要なトイレをいくつ準備し、調達するかという「行政計画」にとどまらず、市民や関係者の参加のもとで「みんなのトイレ計画」を実施すべきである。

災害時のトイレで頼りになるのは仮設トイレだが、仮設トイレとはどのようなトイレで、どういう仕組みで利用されているのかほとんどの人は知らない。災害時に発注してもすぐには届かない理由がある。第3章ではこういう事情を仮設トイレ業界の立場から書いてもらった。

避難所のトイレ対策はいわば公助であり、住まいの被害が小さければ避難所に行かずに「在宅避難」が推奨される。そのための知識やノウハウを第4章にまとめた。耐震性の高いマンションが増えているので、地震でも在宅避難となる可能性が高いが、特に高層マンションではトイレに困ることになる。水洗トイレをリカバリーするときの重要な手順も盛り込んでいる。

トイレの自助、共助、公助という視点からまとめてあり、災害トイレに備えるマニュアルとしても活用されたい。

編集代表　山本耕平

一般社団法人日本トイレ協会　災害・仮設トイレ研究会代表幹事

災害とトイレ

目次

第1章　災害が起きるとトイレはどうなるのか

第2章 国や自治体の災害トイレ対策

第4章 災害トイレの自助と共助

第1章

災害が起きると
トイレは
どうなるのか

1　阪神・淡路大震災で顕在化したトイレ問題

(1)――阪神・淡路大震災では何が起きたか

災害時のトイレが注目されるきっかけは1995年1月に起こった阪神・淡路大震災である。大都市を襲った直下型の大地震で、その被害の大きさはもとより、避難生活を余儀なくされた多くの市民がもっとも困ったことの一つがトイレであった。

神戸市を含む阪神地域では、大きな地震災害が来ることを想定している人はほとんどいなかっただろう。行政もしかりで、災害時のトイレ対策はほとんど講じられてこなかった。そのときどのような状況に置かれたのか、その実態から見ていこう。

①阪神・淡路大震災の概要

1995（平成7）年1月17日午前5時46分に、淡路島北部を震源とするマグニチュード7・3の大地震が阪神・淡路地域を襲った（マグニチュードは1増えると地震のエネルギーが約32倍になる。東日本大震災はマグニチュード9・0という途方もない規模だった)。

高度に発達した都市を襲った大地震は日本の歴史上初めてで、被害は市民活動を支えるあらゆるインフラに及んだ。未明であったために都心での人的被害よりも住宅地での人的被害が大きかった。

②ライフラインの被害

震災ではほぼすべてのライフラインが損壊した。神戸市内では数千本の電柱が倒れて市内全域が停電、50万戸が断水、ガスは80%が停止した。電気は7日目に応急復旧したが、ガスと水道は長期にわたり、ガスは復旧まで85日、水道は全戸通水までに91日かかっている。

阪神・淡路大震災の概要

地震の規模	マグニチュード7.3
震度	最大震度７
被災地	淡路島、神戸市、西宮市、宝塚市の阪神地域一帯
死者	6,434人
住家被害	全壊　104,906棟 半壊　144,274棟
水道断水	約130万戸
停電	約260万戸

出典：内閣府資料等から作成

兵庫区松本通（筆者撮影）

もっとも深刻だったのは断水だ。消火用水が足りずに、家屋の下敷きになったまま焼死した悲惨な例や、病院で治療に使う水がなく、家屋の下敷きになった人が透析治療を受けられずに亡くなったケースもあった。

２～３日後には自衛隊や支援自治体による給水活動が全市に行き渡るようになったが、道路も寸断されていたので十分な量を供給することができなかった。給水の目安は一人１日20ℓ。これでは飲み水以外の生活用水を十分にまかなうことはできない。ガスと水がないので入浴ができず、井戸水を使っていた銭湯には、毎日長い行列ができていた。風呂を求めて大阪や姫路まで足を延ばした人もあったほどである。

下水道の幹線は上水道の幹線より埋設深度が深くなっているために、各住戸や施設内の排水管が壊れていなければ汚水は流れた。損傷が大きかったのは家庭から本管へつなぐ取り付け管や排水設備だった。ただし神戸市内の７か所の下水処理場はすべて被害を受け、完全復旧まで１００日以上を要している。仮設トイレから汲み取ったし尿の処理や水道の復旧が進むにつれて流入する下水を処理するために、放流先の運河を閉めきって仮沈殿池として使用し、簡易な処理で大阪湾に放流するという非常措置が講じられた。

③被災者はトイレにどう対応したか

神戸市は1970年代から川や海の水質を守るために、最重点施策として集中的な下水道整備を進めた結果、被災地ではほぼ100%が水洗トイレになっていた。そのために倒壊を免れた建物でもトイレが使えなくなった。避難所への仮設トイレの配備は震災翌日の1月18日から始まったが、十分な数が行き渡るまでには2週間以上かかっている。

日本トイレ協会と神戸国際トイレットピアの会という市民グループが聞き取り調査をした結果が下の表である。

「水洗トイレが便で山盛り」「外で用を足す」「穴を掘る」など、当時の大変な状況が伝わってくる。「新聞・ビニール袋を敷き、便をする」人も多かった。実はこの使用済みの便

時間経過に伴うトイレ環境の変化（件）

内　容	被災直後	3日後	1週間後	3週間後
トイレが使えず外で用を足す（運動場・木陰など）	9	2		
仮のトイレをつくる（穴を掘る、マンホール利用など）	8	4	3	
水洗トイレが便で山盛り	25	8	2	
新聞・ビニール袋を敷き、便をする	10	3	1	
水を確保し、水洗トイレを利用	38	24	10	6
仮設トイレを利用	1	4	29	15
トイレに紙を流さない（ごみ袋設置）	5	7	1	1
排水管の詰まりなどでトイレが使用禁止	9	3		1
水道が通った		1	8	9
通常どおり	4	5		26

出典：阪神大震災にともなうトイレに関する支援のための調査報告（平7-5）、日本トイレ協会、神戸国際トイレットピアの会

の入った袋の処理が、後に大変な問題になる。

一番多かったのは「水を確保して水洗トイレを利用した」という回答で、下水道の被害が小さかったところでは、風呂の残り湯、近くの川の水、井戸水などを洗浄水として利用した。神戸市内には六甲山から流れる川が10本以上もあり、下水道整備で水質がよいので、トイレや掃除の水などに使われたようだ。避難所では学校のプールの水を利用したところもあったが、消火用水のためにプールの水には手を付けないというところもあった。避難所に仮設トイレが行き渡るのは２週間以上たってからである。

ちなみに、神戸市役所の庁舎は洗浄水として地下水を使っていたためトイレが使えたが、兵庫県庁は水道を使っていたため、トイレに非常に困ったと聞いている。災害時の拠点となる役所や公共施設では、トイレの備えを万全にしておくべきだ。

(2)――現場の対応と避難所トイレの実態

①仮設トイレ

ピーク時には神戸市では７人に１人、22万人が避難し、約６００か所の避難所が開設された。被害の大きかった長田区では５０００人もの避難者が押し寄せ、２０００人以上の人が就寝した小学校もあった。当時のトイレ事情は推察するしかないが、きわめて深刻な状況であったことは間違いない。

仮設トイレの設置数は震災翌日の1月18日は全市でわずか79基、21日でも524基しかなかった。トイレに対する認識の甘さと行政にその深刻さが伝わっていなかったことが大きな

神戸市内の仮設トイレ設置数の推移

	設置基数	避難者数	通水率	トイレ1基あたり避難者の数
	基	人	%	人
1月18日	79	134,007	0	1696
1月20日	280	205,214	23.8	733
1月21日	524	214,696	29.8	410
1月22日	724	231,090	40.8	319
1月24日	1,143	236,899	43.5	207
1月25日	1,473	235,833	44.7	160
1月31日	2,381	233,453	58.8	98
2月2日	2,421	219,562	62.2	91
2月4日	2,674	208,766	64.2	78
2月7日	2,826	196,955	70.3	70
2月20日	3,041	177,784	81.1	58
3月1日	2,938	159,742	93.7	54
3月31日	2,214	72,254	99.9	33
4月30日	1,216	46,120	100	38

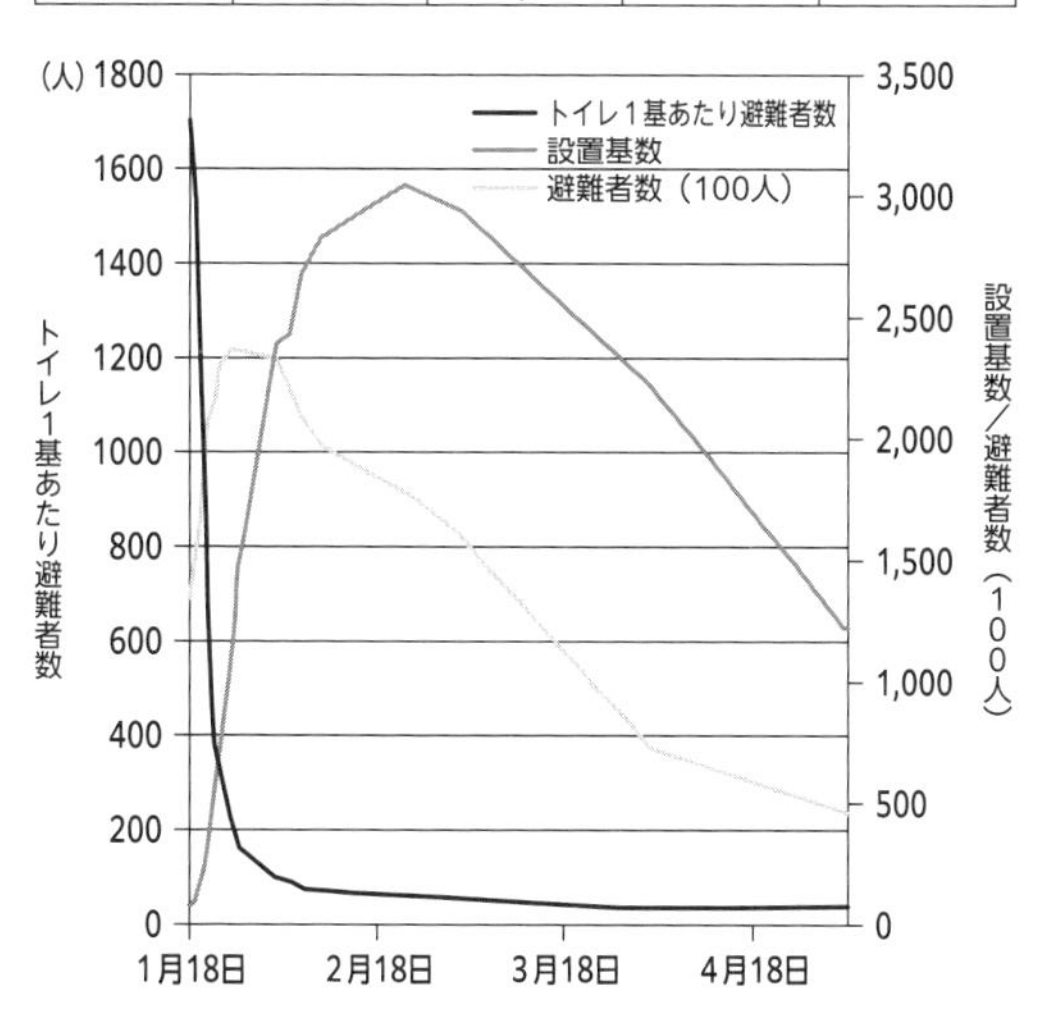

出典：大下昌宏「仮設トイレ・し尿処理」『災害廃棄物フォーラム論文集』（平成8年廃棄物学会）所収、グラフはデータから作成

原因だが、仮設トイレの手配や交通の寸断された被災地への搬入に手間取ったことも大きな要因である。神戸市にはイベント用の「移動トイレ」（牽引式のトイレ）が４台あったが、災害用仮設トイレの備蓄はゼロ。災害対策用の組立式トイレは、東海地震の備えが進んでいた東京や東海地方の自治体から提供を受けた。

当初は避難者１５０人に１基を目標としていたが、２週間後には平均して１００人に１基程度まで普及した。60～70人に１基となった頃から、数の不足に対する苦情はほとんどなくなったという。

仮設トイレが増えると汲み取り作業の対応が問題となった。神戸市は水洗化が進んでいたため、汲み取り対象世帯はおよそ９０００世帯しかなく、し尿収集のバキューム車は郊外区に14台、被災した旧市街の区には５台配備されていただけだった。そこへ突然20数万人のし尿収集という事態が起こったわけである。

さいわい汲み取りや廃棄物収集を行う事業者の団体（全国環境整備事業協同組合連合会、環整連）がバキューム車73台、応援者数２４４人の作業チームを派遣し、窮地を救った。

②トイレボランティアが見た現場の実態

トイレボランティアの現場での活動は、発災から約1か月後の2月中旬から3月初旬頃まで、須磨区から東灘区までの避難所のトイレと公衆トイレ228か所を、全国から集まった約200人のボランティアがチームを組んで走り回った。

まず公園等の公衆トイレを見た。断水しているので使用はできなくなっていたが、やむなくそのまま使用した跡がそのまま残されていた。清掃のプロたちが、山盛りの便を取り除き、洗浄・清掃するという作業を難なくやってのけたのには驚いた。実は避難所となった学校や施設では、あまりに不衛生になったので建物内のトイレは封鎖して、後にトイレだけを建て替えたケースもあった。

すでに1か月近く経過していたので、おおむね仮設トイレは避難所に行き渡っていた。仮設トイレのタイプには、災害用の組み立て式と工事現場などで日常的に使われているボックスタイプがある。前者は、便槽内で固体と水分を分離して液体だけを消毒して流すことで、汲み取り回数を減らす構造になっている。発災からまもなく設置された仮設トイレの中には、汲み取り作業が追いつかずに使用できなくなってしまい、封鎖してしまったものもあった。

避難者はトイレの問題から水分を控えたり、男性は断水していても使える施設内の小便器を使うので、便槽の大便は固くて次第に富士山のように盛り上がってくる。便槽の容量には余裕があっても便器の下から石筍のように大便が盛り上がってくるので、汲み取りの依頼頻度が高くなる。汲み取りトイレを見たこともないという市民もおり、「汲み取りに来てくれ！」という悲鳴にも近い要望で行ってみると、実はまだ余裕があるという状況も少なくなかった。そのためわれわれトイレボランティアは神戸市の依頼で、便槽の便を均（なら）す道具を持って現場で作業を行うとともに、避難者にチラシを配って適切な使い方を知らせるという作業を行った。

現場に行く前に寄付金を集めて、現地からのニーズに応じて救援物質を届けるという活動も行っていた。特に要望があったのは、ゴム手袋、火ばさみ、十能、デッキブラシなどの清掃用具である。仮設トイレの清掃や管理は避難者の手できちんと行われていたが、こうした清掃用具が足りていなかった。仮設トイレは屋外にあるので、室外からの汚れを持ち込まないようにすることが必要で、そのためのマットなどの要望もあった。

③仮設トイレの後始末

神戸市内の仮設トイレは、約１か月後には５５０か所、３０４１基が配置された。ちなみに、そのうちの約２８００基は他の自治体

他の自治体などから提供された仮設トイレの数

トイレの種類	基数	備考
箱形トイレ	1955	環整連、地方公共団体、民間
組み立て式トイレ	815	東京23区、民間
特殊なトイレ	6	トイレメーカー
合計	2776基	

出典：大下昌宏（前掲論文集）

や民間から提供されたものである。

発災直後は仮設トイレの設置と汲み取りを早くという要求が殺到したが、しばらくして避難所が「生活の場」となってくると、「洋式トイレにしてほしい」「トイレに照明をつけてほしい」「男女別にしてほしい」などの要望が多くなった。避難所となっている建物から仮設トイレまで遠いので、特に高齢者にとっては不便で「建物の近くへ移動してほしい」など、トイレに対する要望の内容が変わってきた。

ライフラインが徐々に復旧すると自宅に戻る人が増えてくるが、マンションでは汚水の排水管が予想以上に損傷しており、上水道が通水しても水洗トイレが使えないというケースが少なくなかった。また地域の小施設に数世帯が移って避難生活を始めるというケースもあり、こうしたところではマンションや広場、小公園などに仮設トイレを設置してほしいという要望が寄せられるようになった。

また通水して水洗トイレが使えるようになったり、避難生活を送る人が少しずつ減ってくると、設置から撤去の要望へと移っていく。

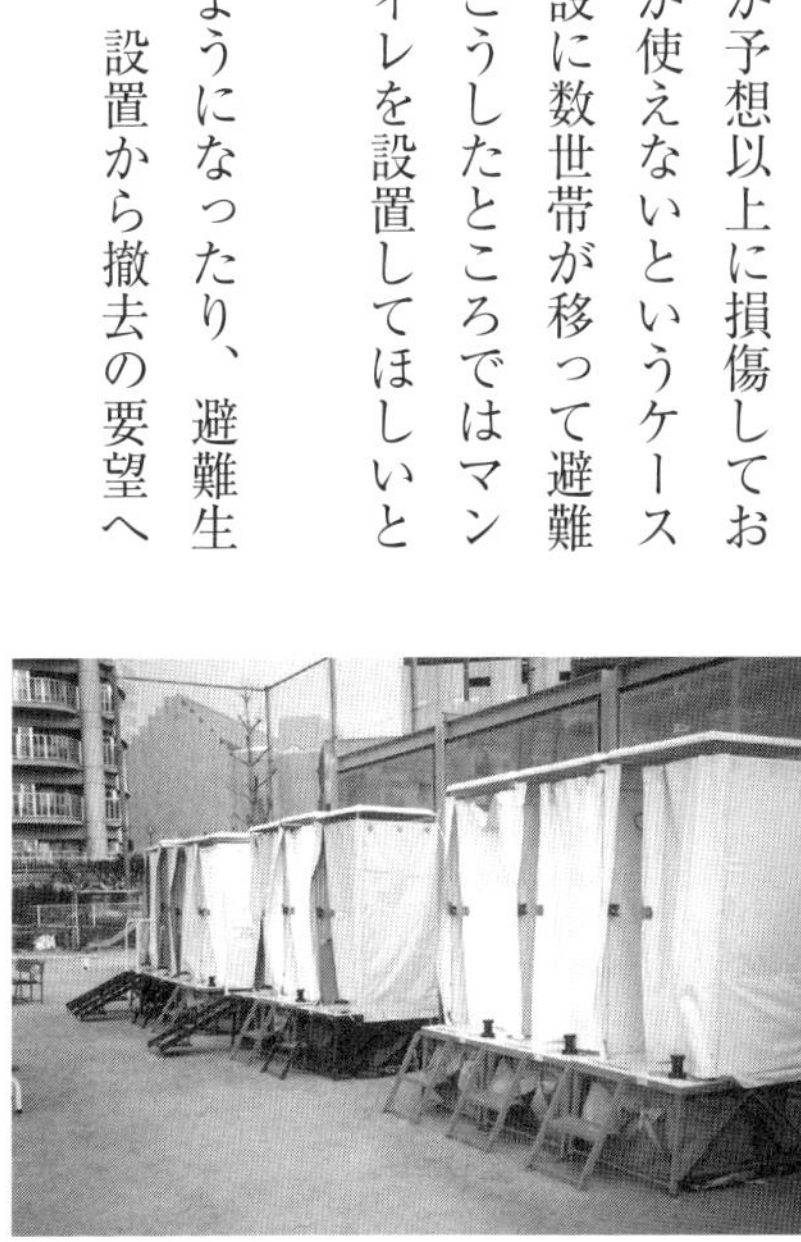

組み立て式仮設トイレ

当時の状況を、神戸市環境局の担当者の記録から紹介しよう。（北尾進（神戸市環境局計画課）「阪神・淡路大震災トイレット事情」より要約）。

撤去でまず問題となったのは、当初混乱の中でトイレの設置を進めたために「どこの避難所にどのようなトイレが何基設置されているのか」を記録した完全な資料がなかったことだ。仮設トイレは神戸市だけでなく、兵庫県や自衛隊、それにボランティアが設置したものもあり、すべての仮設トイレを市が把握するという形になっていなかった。そのため、汲み取りに行ったときにトイレの種類と基数をチェックしながら進めていった。

次に問題になったのは、撤去した仮設トイレの「保管場所」である。仮設トイレ1基当たりおよそ1坪のスペースが必要だが、この保管場所が厄介な問題だった。自治体などから提供された組み立て式トイレは、撤去してから洗浄して返却する必要があり、一時的に保管や洗浄のための場所が必要だが、台数が多いために用地の確保が問題となった。

(3)――阪神・淡路大震災の教訓

①災害時のトイレは生死を分ける

大都市を直撃した未曾有（みぞう）の災害で、トイレの重要性が初めて認識されたといえる。人間が生活する以上、排泄物とごみが発生する。排泄できる環境を整えてその処理を適正に行わなければ、生活環境はたちまち劣悪化し、健康の悪化に直結する。

避難所では体育館等の出入り口など寒い場所に、高齢者が多く避難していた。その理由は「トイレが近い」ためである。飛行機や列車に長時間乗るとき通路側を選択するのと同じだ。また当時の学校などのトイレは和式がほとんどで、仮設トイレもほぼ和式である。仮設トイレは構造上段差が大きい。そうした理由から「トイレの利用を控える」人が多く、そのために水や食べ物をできるだけとらないという人も少なからずいた。車いすで使えるトイレや介助できるようなトイレもほとんどなかったので、高齢者のみならず体の不自由な人にとっては、トイレは避難生活の最大の問題で、生死を分ける問題だったといっても過言ではない。

②トイレのサバイバル――「穴掘りトイレ」は役に立たない

当時は災害用の「携帯トイレ」がなかったので、やむを得ずごみ袋と新聞紙などに用を足した。この「簡易便袋」はごみ収集が始まるまで保管し、他のごみと一緒に焼却処理されるのだが、収集時に袋が破れて作業員に便がついたり、収集車（パッカー車）の中が便だらけになったりといろいろと問題が生じた。使用済みの携帯トイレを収集する場合は、一般のごみとは区別して、パッカー車ではなく平ボディのトラックで集めたほうがよい。

　また、現地では穴を掘ったトイレの痕跡をあちこちで見た。穴の上に家屋の廃材を使って立派なトイレを建てた例もあった。しかしこうした「穴掘りトイレ」はほとんど役に立たなかった。穴を掘ってバケツやペール缶を埋めて使っても、バケツやペール缶の容量はせいぜい20ℓなので、１日に15人も使えない計算になる。

　現場で一番感心したのは、道路のマンホールの上につくられたトイレだ。「マンホールトイレ」はこの話を伝えた神戸市が学校に取り入れたことがきっかけとなって、各地の学校や防災公園など全国に広がっていった。

　現場で感じたことのもうひとつは、高齢者や体の不自由な人にとっては、仮設トイレだけでなく学校のトイレも非常に使いにくかったということだ。現在では、仮設トイレにも洋式のものが増えているが、元々は工事現場などで使うことが想定されているので、仮設トイレはまだ和式が一般的である。和式トイレを使う機会の少ない最近の若い人たちや子どもにとっては、災害時でも洋式トイレのニーズが高い。

　対策としては避難所となる学校や施設のトイレを洋式化しておくことだ。当時は学校に洋式トイレはあまり普及していなかったので、水を確保できた場合でも洋式トイレのニーズに対応するために、「ポータブルトイレ」（持ち運び可能な簡易型トイレ）を使っていたところもあった。

マンションのトイレ問題もこのときはじめて顕在化した。建物に被害が見えなかったマンションでも、下水道の排水管が破損しており、「通水したのでトイレを使い始めたら、1階のトイレや風呂場から汚水が噴き出してきた」という話を聞いた。十分な点検をしたあとでなければトイレは使わないほうがよい（第4章第3節参照）。そのため、戸建て住宅よりマンションのほうが点検に要する時間がかかることを考えておいたほうがよい。

③外部との連携、協力には支援を受ける体制が大事

水や食料などは、外部から自主的な支援が届くことも期待できる。しかしトイレに関してはどうだろう。阪神・淡路大震災では自治体や民間から多くの仮設トイレの支援があったが、そもそも民間の自主的な支援に頼ることは心許ない限りだ。

神戸に駆けつけた岐阜県など東海地域の汲み取り事業者は、「1959年の伊勢湾台風の時に神戸市からバキューム車が駆けつけてくれた、そのときのお返しだ」と筆者に語ってくれた。地震に対してほとんど対策がなかったところを救われたのだが、このような関係に依存するだけでは心許ない。

国は、大きな災害が起きたら被災地からの要請を待たないで必要な物資を緊急輸送する「プッシュ型支援」を行うようになっている。その品目のなかに「携帯トイレ、簡易トイレ」「ト

イレットペーパー」が入っているが、待っていて避難所に仮設トイレが届けられるというわけではない。必要な仮設トイレを調達し、配置するのは市町村の仕事である。その調達や運搬には民間との協力が不可欠で、特に支援を受ける体制、仕組みも用意しておかなければならない。たとえばトイレに関する支援がきたとき、それらの物資をどこで受け取ってどう分配するのか、仮設トイレはどこに置くのか、さらに事態が収束したときに片付けはどうするのか等も考えておかなければならない。

（山本耕平）

〈参考資料・文献〉

■日本トイレ協会／神戸国際トイレットピアの会『阪神大震災にともなうトイレに関する支援のための調査報告書』日本トイレ協会、１９９５年
■日本トイレ協会／神戸国際トイレットピアの会監修、日経大阪ＰＲ企画出版部編『阪神大震災トイレパニック――神戸市環境局・ボランティアの奮戦記』日経大阪ＰＲ、１９９６年
■山本耕平『まちづくりにはトイレが大事』北斗出版、１９９６年

コラム

災害ボランティアのトイレ問題

阪神・淡路大震災では100万人を越えるボランティアが活動し、「ボランティア元年」といわれた。その後も東日本大震災や熊本地震、西日本豪雨などの大災害が多発している。

大きな災害では、個人の力だけで元の生活を取り戻すことは難しい。行政の支援が頼りだが、災害ボランティアが行政の手が届きにくいところを支えている。阪神・淡路大震災ではボランティアの受け入れや活動を支援する仕組みが整っていなかったが、現在では災害時の「受援力」という考え方も定着してきた。受援力とは災害が起きる前から、ボランティアセンターの開設や支援の受け入れ方法を決めておいたり、住民にボランティアの活動や役割を知ってもらい、円滑な活動ができるようにしておくことである。

災害ボランティア活動は「自己責任」「自己完結」が原則だとされる。活動に参加する費用はもちろんのこと、食料も宿泊も自弁が原則だ。被災地では水や食料が不足していることが多いため、地域外からくる人はボランティアといえども自前で用意することが必要である。

災害現場でのボランティア活動で問題になるのはトイレである。トイレは自己完結できない。トイレがないと水分摂取を我慢してしまいがちで、脱水による熱中症を引き起こすリスクが高まる。ボランティアを受け入れる側には、トイレのことをぜひ考えてもらいたい。

2019年10月の台風15号による千曲川氾濫の被災地では、災害ボランティアのトイレの確保が問題となった。信濃毎日新聞の記事によると、テント型で携帯トイレで用を足す方式の仮設トイレを設置しているが、ボランティア約700人が活動している地域でトイレが足りないという声があがっているということだった（信濃毎日新聞ホームページ—信濃毎日新聞ニュース特集、台風19号長野県内豪雨災害）。

ボランティアは避難所のトイレを使うことを禁じられることもある。あるボランティアセンターの活動マニュアルでは「トイレは災害ボランティアセンターの建物内にあります。活動場所では近隣にトイレがあるとは限りません。都度車両での移動が必要な場合もありますがご協力ください。」とある。

被災地では、各家庭のトイレも使えなくなっていることが少なくないので、支援しているお宅のトイレを借りることもできない。ボランティアセンターまでトイレのために行き来するのは作業上も不効率だ。ボランティアの安全衛生という観点からも、ボランティア用のトイレをどう確保するかは、大きな課題である。

（山本耕平）

災害におけるボランティア数

	災害名	ボランティア数
1995年	阪神・淡路大震災	137.7万人
2011年	東日本大震災	154.5万人
2014年	広島土砂災害	4.3万人
2015年	関東・東北豪雨（鬼怒川氾濫など）	5.3万人
2016年	熊本地震	11.8万人
2018年	西日本豪雨（倉敷市真備町などの水害）	26.3万人
2019年	東日本台風、房総半島台風	21.6万人

出典：「全国社会福祉協議会全国ボランティア・市民活動振興センター調べ」より抜粋

コラム

パトカーの先導で仮設トイレを運んだ阪神・淡路大震災

災害時のトイレ問題は、その国の日常でのトイレへの認識と要望、社会インフラによって変化してくる。

日本は災害の多い国土であるが、トイレ問題が大きく報道されるようになったのは、阪神淡路大震災でのトイレパニック以降のことである。

仮設トイレは、当初はわずか300棟の発注のため焼け石に水の状態で、追加に次ぐ追加で3000棟が設置されたが、初期行動での搬入計画ではなかったので、仮設トイレは到着に時間がかかると言われる一因ともなった。

当事者の立場で言えば、発災当日に準備は完了していたにもかかわらず、搬入先の指示待ちで何日も止まらざるをえなかった。緊急発注の割には納入先が指示されず、すでに災害支援物資で高速道路が通行不能状態となっていたので、被災地でトイレは大事であることを話して、各都県の警察の協力により、パトカー先導で目的地に搬入することとなった。しかし、到着が「遅い」と大不評であった。

事前にシミュレーションできていなかったので、どこに何棟設置すればよいかの情報もなく、搬入された仮設トイレは取り合いとなり、計画された場所にはほとんど設置できなくなっていた。

設置計画場所にし尿の汲み取りに行ってもトイレがなく、逆に勝手に運んでしまった仮設トイレのある場所からは、汲み取りに来ないとの怒りのクレームが殺到した。どこに設置されているのかもわからず、トイレを探しながらの汲み取り作業とならざるをえなかった。

このように、いろいろな課題が見えてきたが、仮設住宅の設置やインフラの整備で、やがて仮設トイレは不要となった。設置場所も不明なうえ、放置された仮設トイレが目立つようになり、神戸市消防本部のグラウンドに集められたが、引き取りにも手間がかかり、

阪神大震災における仮設トイレ（乾燥式トイレドライレット）

処分するのにかなりの労を要することとなった。

（寅　太郎）

阪神大震災におけるトイレカー（ドライレット）

2　東日本大震災・熊本地震の経験

(1)　東日本大震災のトイレ事情

①災害の概要

２０１１年３月11日（金）午後2時46分に東北地方三陸沖を震源として発生した東日本大震災は、マグニチュード９・０というわが国観測史上最大の地震となり、世界でも１９００年以降４番目の巨大地震として、近代災害史における未曾有（みぞう）の災害となった。

内閣府の報告書によれば、震源は、三陸沖（深さ24km）、最大震度7（宮城県北部）、マグニチュード９・０、死者1万５４６７名、行方不明者７４８２名、負傷者５３８８名、避難者数12万４５９４名、建物被害10万３９８１戸（全壊）・９万６６２１戸（半壊）・37万１２５８戸（一部損壊）と甚大な被害をもたらした。

また、震源域は岩手県沖から茨城県沖の長さ約４５０km、幅約２００kmの広範囲となり、震源より２００～４００km離れた関東地方各地においても、断水、下水道不全（マンホール浮上含む)、停電等が多くのエリアで発生した。

②水道、電気、下水道——どれかひとつでも止まるとトイレは使えない

トイレに関わるライフライン被害においても、断水約166万戸(全国)、停電約855万戸(東北電力・東京電力合計)、下水処理場120か所、下水道管路約960㎞(岩手県、宮城県、福島県、茨城県の4県合計)、都市ガス約46万戸(全国)、と甚大な被害となった(いずれも3月11日時点)。

トイレが使用可能かどうかの判断基準は、上水道の「断水のみ」と考えがちだが、「トイレは、上水道、電気、下水道のいずれか一つが不全となるだけで、不全となる」ということを知っておきたい。

つまり、東日本大震災では、各ライフライン被害人数と同数の人々が、一時的か長期的に、何らかのトイレ不全に陥っていたわけである。

宮城県仙台市の事例では、津波により下水処理場が被災し、

津波により被災した下水処理場(仙台市南蒲生浄化センター)
出典:防災白書、国土交通省資料

下水道が不全となった。しかしながら、上水道は通じていたため、トイレの水を使用し排水していた市民が発生したため、次のような案内が宮城県のホームページで発信された（2011年3月31日時点）。「津波の被害や停電のため、一部処理場が処理停止中です。～中略～トイレで使用した紙は燃えるゴミに出す等、なるべく下水道に排水をしないよう、どうか皆様のご協力をお願いします」。すなわち、水道が通水していても、下水処理場が不全となっているため、トイレの排水をしないよう市民へ協力要請をしているわけである。

それに加えて、震源よりも遠く離れたエリア（茨城県、千葉県、東京都、神奈川県等）においても地震の揺れによる液状化等が発生し、下水道管路やマンホール等の被害を拡大させた。千葉県浦安市の事例では、市内総延長中約10％（市内総延長約290km中、下水道管路被害34km）の被害があったことは、震源よりも遠く離れたエリアにおいても被害が大きかったことを表している。つまり、震源から遠く離れたエリアにおいてもトイレパニックに陥った人が多数発生していたわけである。

各ライフラインの復旧状況については、復旧完了や大方の目途が付くまでに要した日数は、それぞれ次の通りとなっている（いずれも内閣府資料より）。

上水道では、当初約166万戸（2011年3月11日）から約10万戸（2011年4月20日）になるまで約40日間。

下水処理場では、当初１２０施設（２０１１年3月11日）から69施設（２０１１年5月18日）になるまで約70日間。

電気では、東北電力管内において、当初約４５０万戸（２０１１年3月11日）の停電が約12万戸（２０１１年5月20日）になるまで約70日間（その内、東京電力管内において、当初約４０５万戸（２０１１年3月11日）の停電が復旧完了（２０１１年3月19日）になるまで約8日間）。

つまり、各ライフラインが原因となり、最大70日間トイレに困っていたことになる。

またライフラインの中でも、電力は比較的に復旧が早いと言われているが、それでも東京電力管内において復旧完了まで８日間もかかっている。

東北エリアでは約70日間と相当な日数を要していた。

③避難所ではトイレが一番問題になった

避難所におけるトイレ事情は、文部科学省の調査によれば、「避難所で問題となった施設・設備」において「トイレ」が第1位（74・7％）となっている。当時、トイレという性質上、マスメディア等ではほとんど取り上げられていないが、現場の避難所で一番問題となっていたのは「トイレ」であった。

トイレに続く問題となった施設・設備は、２位「暖房設備」（70・３％）、３位「給水・上水設備」（66・7％）、4位「通信設備」（57・5％）、5位「発電機等電力供給設備」（45・0％）となっている。

3位「給水・上水設備」と5位「発電機等電力供給設備」もトイレに関わるライフラインであるので、上位5項目中3項目においてトイレに関わる要素が占めていることになる。

また、発災から約1か月後、宮城県仙台市内の避難所で行った「避難所運営管理者及び避難者へのヒアリング結果」では、「普段、もっとも安らげるトイレ空間が、避難所では、最も4K（怖い、汚い、臭い、暗い）となり、安心できない場所となっている。」など、トイレに関わる課題が深刻であることが明らかとなった。

避難所で問題となった施設・設備

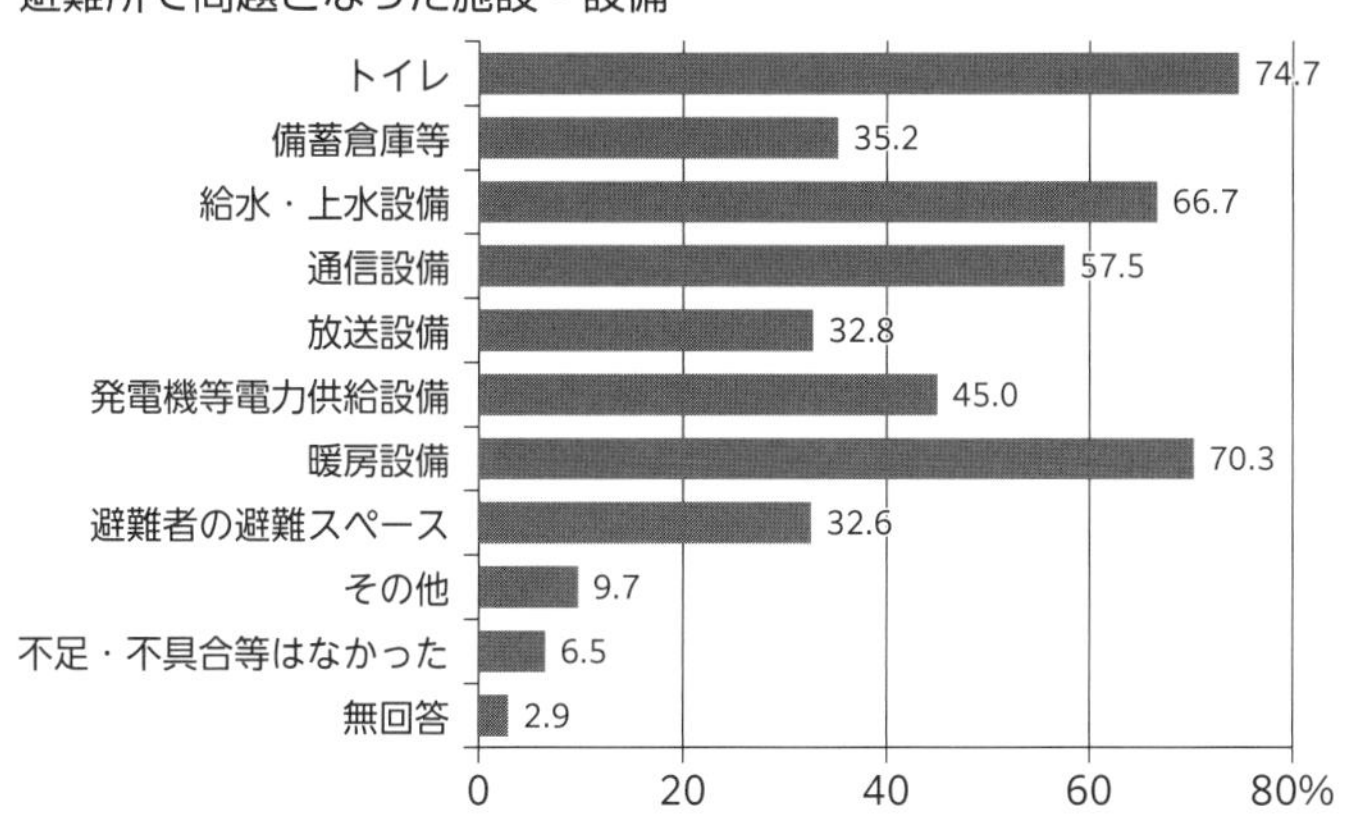

出典：文部科学省「平成23年東日本大震災における学校等の対応等に関する調査研究報告書」

避難所運営管理者および避難者へのヒアリング結果

「トイレに関する各種問題点」

1. 水不足でトイレ内が清掃できず、不衛生。※特に、雨天時の泥汚れは劣悪
2. 普段、もっとも安らげるトイレ空間が、避難所では、最も４Ｋ（怖い、汚い、臭い、暗い）となり、安心できない場所となっている。
3. トイレ内が暗い。
4. 夜間、風雨、気温低い（寒い）際、屋外トイレに行くのはたいへん。
5. 和式タイプや段差があるタイプは、シニア、子どもにとって利用しづらい。
6. テント式のトイレは、（覗かれる可能性があり）特に女性にとって利用しづらい。
7. トイレットペーパーの盗難（持ち去り）が多い。
8. 回収者が来ないと、（仮設トイレは）汚物がいっぱいとなり使用できない。
9. 仮設トイレ導入には少なくとも数日掛かる。
10. 携帯トイレが支援されたが、それまでゴミ袋と新聞紙で代用していた。

出典：2011年４月９日（株）総合サービスによる宮城県仙台市の避難所における現地調査より

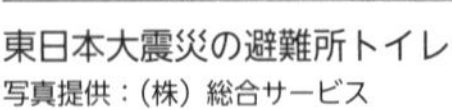

東日本大震災の避難所トイレ
写真提供：（株）総合サービス

コラム

マンホールが飛び出した！　液状化と下水道の被害

阪神・淡路大震災では、埋設深度が深い下水道の本管（汚水幹線）の被害は比較的少なかった。被害が大きかったのは家庭と本管をつないでいる枝線の部分だった。東日本大震災では津波の被害が圧倒的に大きかったが、東京湾岸の都市では地盤の液状化による被害が広範囲に発生した。家屋が傾くなどのほか、マンホールが地面から突出したり沈下する被害があった。

液状化とは地震で地盤が液体のようになる現象で、埋立地や三角州、河川跡地など地盤が砂地で地下水位の高い地域に発生しやすい。地盤が液状化すると比重の大きい構造物が倒れたり、逆に比重の小さい下水道や水道管、ガス、地中ケーブルなどの構造物が浮き上がったりする。

国土交通省の資料によると、東日本大震災では58自治体でマンホールの被害が発生しており、被害総基数は6000基を越える。

ディズニーランドのある千葉県浦安市は、市の面積の約86%が埋立地であるため、液状化によって戸建住宅の傾斜、電柱の傾斜や沈下、下水道の管路・マンホールの被害などが発生した。浦安市は東日本大震災の揺れは震度5強で、地震の揺れによる直接的な被害はほとんどなかったものの、液状化による被害が大きかっ

東日本大震災における被害マンホール基数

被害項目	軀体ズレ	突出	沈下	計
被害基数	2,109	2,908	1,682	6,699

※被害基数の合計は、各被害項目の単純合計（重複計上）。
※国土技術政策総合研究所調査結果に基づく。
出典：国土交通省資料「東日本大震災における下水道管路施設液状化対策工法の被害状況と今後の課題」

た。あちこちでマンホールが突出して下水道が使えなくなり、水洗トイレが使えなくなった。当時は国も液状化の被害にまで手が回らず、復旧のために湾岸の自治体がそれぞれ知恵を絞って対応したという話を、当時の松崎市長から聞いたことがある。

地中の構造物が被害を受けると復旧にも時間がかかり、浦安市の例では応急復旧の完了は上水道施設が４月６日、下水道施設は４月15日で下水道の方が長くかかっている。

災害時のトイレ対策としてマンホールトイレの整備が進められているが、液状化への対策についても考慮しておくことが必要である。

（山本耕平）

浦安市のマンホール被害
写真提供：（株）総合サービス

(2)――熊本地震のトイレ事情

①災害の概要

2016年4月に発生した熊本県熊本地方を震源とする地震は、大きな地震が2回も連続して発生するという近年では極めて珍しい地震の発生形態となった。

1回目の地震（前震）は14日（木）の21時26分に発生し、マグニチュードは6・5、上益城郡益城町で最大震度7を観測した。2回目（本震）は16日（土）1時25分に発生し、マグニチュード7・3と1回目より大きく、益城町と阿蘇郡西原村で最大震度7を観測した。

2つの地震を合わせた被害は、死者273名、負傷者2809名、避難者数18万3882名（最大）、避難所開設数約855か所（最大）、建物倒壊8667戸（全壊）・3万4719戸（半壊）・16万3500（一部損壊）と甚大な被害をもたらした。

文部科学省の主要活断層帯の発生確率一覧によれば、熊本地震が発生した時点の熊本における「30年以内の地震発生確率」はわずか0〜6％であった。阪神・淡路大震災においてもその数値は0・02〜8％と非常に低く、活断層で発生する地震の発生予測の難しさを物語っている。ちなみに、国内には活断層が約2000あると言われているが、同省で30年以内に地震を起こす確率を公表しているのは97のみとなっている。

②下水道管路約86㎞が被害

トイレに関わるライフラインは、断水約44万戸、停電約47万戸、下水処理場13か所、下水道管路約86㎞、都市ガス約10万戸と甚大な被害となった。

各ライフラインが復旧完了や大方の目途が付くまでに要した日数は、上水道では約36日間（5月20日99％復旧）、電気では約14日間（4月28日復旧完了、仮復旧を含む）となっている。下水道では、復旧日数については公表されている公的資料が見当たらないが、管路の被災率は約２・５％（熊本県内のみ）となっている。

③プッシュ型支援と避難所でのトイレの工夫

政府による初のプッシュ型支援（第２章１０２頁参照）が発動された地震で、過去の災害とは異なり、早期に災害用トイレが支援され、各避難所ではこれまで見られなかった機器や用品が用意された。

男女別トイレの配置

これまでの災害において避難所トイレの多くは、男女別の配慮まで行き届いておらず、男女共同のトイレが多くみられた。しかしながら、熊本地震では早期に配置されただけでなく、男女別配置の配慮が多くの避難所において見受けられた。このことは、平時のトイレでは当たり前のことだが、今までの災害時の避難所ではあまり見られない画期的な事例の一つであったと言える。

和式トイレから洋式トイレへの変換工夫

災害時に支援される仮設トイレは、平時に建設現場等で使用されるものが多いため、和式トイレが必然的に多くなる。しかしながら、屈(かが)むことが難しいシニアや使い方そのものを知らない子どもには、和式トイレは使用しづらいこともあり、避難所等において洋式化への要望が多数上がっていた。

そこで、政府や災害トイレ業界関係者が協力して、和式ト

熊本地震の避難所トイレ
写真提供：（株）総合サービス

イレを洋式化する変換用具（アタッチメント）を追加で支援配備した。このことも今までの災害時の避難所ではあまり見られない画期的な事例の一つとなった。

車中避難とトイレ

行政から事前に避難所として指定はされていなかったが、比較的に敷地が広く自家用車等の避難者が多数集まった施設があった。発災時はトイレがないため、花壇に穴を掘って急場凌ぎで造作した「穴掘りトイレ」や「車中避難」など、様々な問題が生じていた。

しかしながら、政府による迅速な「プッシュ型支援」により、早期に「仮設トイレ」等の支援が実施され、各現場に「仮設トイレ」が多数設置された。これまでの災害では「仮設トイレ」が設置されるまで、1週間から2週間を要することもあったが、今回の熊本地震では、早い所では発災（本震となった4月16日）翌日から配備が始まるなど、政

駐車場で避難生活をしている家族と車（左）、地域の産業施設「グランメッセ」（熊本県益城町）に支援配置された「仮設トイレ」（右）
写真提供：（株）総合サービス

府および業界団体関係者による支援体制も向上していることが示された。

トイレを我慢することにより発生する体調不良と感染症

「車中避難」は、２次的な被害を併発させる要因ともなった。避難所に避難することをためらう⇓車中に避難する（窮屈な姿勢を長時間強いられ、体内の血行が悪くなる）⇓トイレが不足または清潔ではないので、トイレを控えるために食べ物飲み物を控える（血中濃度が高まり血の固まり（血栓）ができやすくなる）⇓血の固まり（血栓）が血管内を流れ、肺に詰まり肺塞栓などを誘発する（これがいわゆる「エコノミークラス症候群」）、という悪循環を多数発生させた。つまり、清潔なトイレに行けない環境が、エコノミークラス症候群（静脈血栓塞栓症）を発生させる要因となるわけである。

また、トイレを我慢することとは直接関係ないかもしれないが、トイレを起因とする感染症の注意も必要である。今回の災害現場においても「ノロウイルス（感染性胃腸炎・食中毒）」が各避難所において発生しており、トイレ等の衛生環境の悪化によるものが原因とされている。

■トイレ周辺の感染症対策（衛生管理）

トイレ等の衛生環境の悪化が「ノロウイルス」等の感染症の原因となったこともあり、各避難所において、トイレからの感染症を防ぐ特徴的な対策・工夫を紹介する。

避難所においては、断水や水不足、衛生用品の不足状況に陥る。そうなると、トイレに行った後、しっかりと手を洗うこともできない。屋外の仮設トイレに入った土足で体育館や教室等に出入りする機会が増加し、また外履き用の靴の衛生を保つことが難しくなり、感染症が蔓延（まんえん）しやすい状況となる。

そこで今回の熊本地震では画期的な工夫が生まれていた。ある避難所では、屋外トイレの前面に、靴裏を消毒するトレーを設置していた。トイレ使用後は、消毒液（次亜塩素酸ナトリウム等）が含侵された新聞紙を入れたこの「消毒トレー」を必ず通過して、靴の裏を消毒してから、就寝の場となる避難所スペースへ入るようルール化されていた。撮影した写真は地震発生から約３週間経過した避難所のものだが、直前に

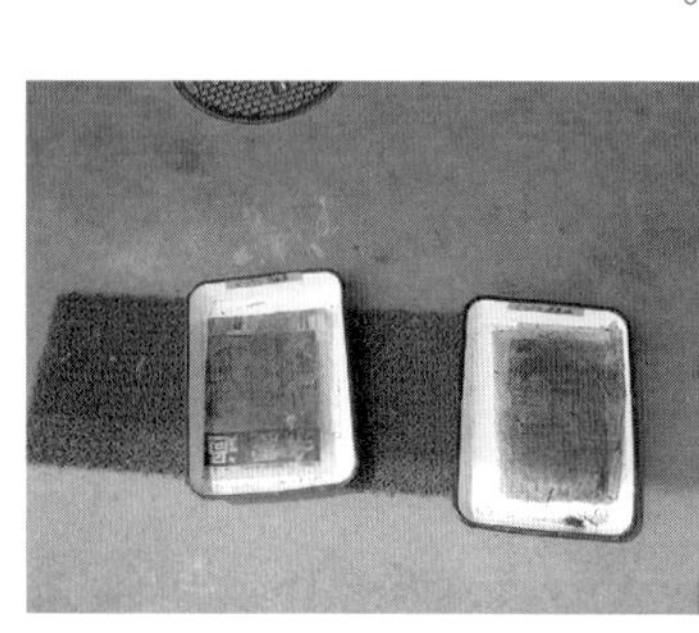

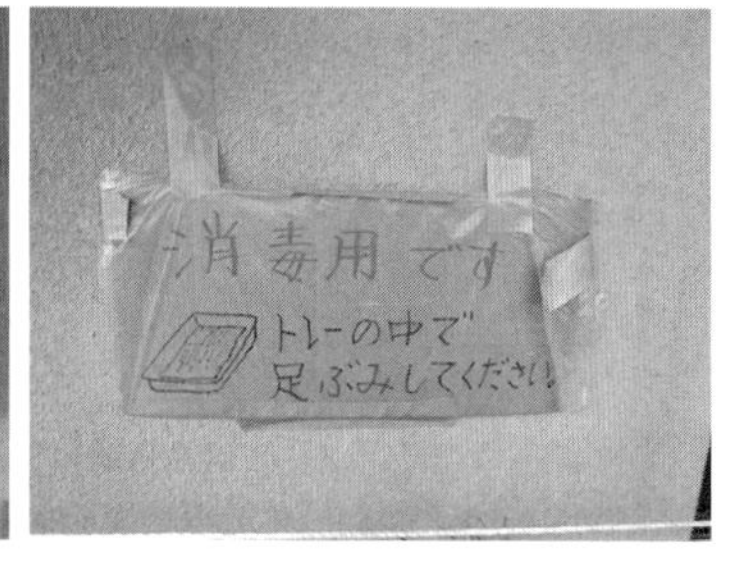

熊本地震の避難所トイレ衛生用品
写真提供：（株）総合サービス

発生した感染症の再発防止に非常に気を配っていた現場を今でも印象深く覚えている。

プッシュ型支援

プッシュ型支援によって支援された物資は、主に、パン・おにぎり125万食、カップ麺（めん）60万食、米125万トン、水24万本、清涼飲料水18万本等となっている。

トイレ関連物資も、初のプッシュ型支援として、仮設トイレ340基、簡易トイレ（携帯トイレ）20万個、トイレットペーパー7万巻、トイレ用アタッチメント（和式→洋式化）500個等が支援された。

なお、日本トイレ協会でも、政府の要請に対して災害用トイレ関連物資の支援協力を実施している。

(3)——豪雨災害のトイレ事情

①豪雨災害の頻発

近年頻発する豪雨災害でも、トイレに関わるライフラインに被害が及ぶ。2018年7月の「西日本豪雨」は西日本を中心に北海道や中部地方を含む全国的に広い範囲で被害が発生した。全壊した建物６７６７戸、半壊が１万１２４３戸、死者２３７名という大災害で、倉敷市真備（まび）地区では広い範囲で浸水して大勢が水死した。

　２０１９年９月９日に観測史上最強クラスの勢力で関東地方に上陸し、千葉県を中心に甚大な被害を出した「令和元年房総半島台風」では、首都圏の台風災害に対する脆弱性が改めて浮き彫りとなった。

　主にトイレ不全が多数発生した災害を列挙する。

２０１７年（平成29年）７月　九州北部豪雨
２０１８年（平成30年）７月　西日本豪雨
２０１９年（令和元年）９月　房総半島台風（台風15号）
　　　　　　　　　　　10月　東日本台風（台風19号）
２０２０年（令和２年）７月　７月豪雨

西日本豪雨で被害のあったトイレ
写真提供：㈱総合サービス

②水害では水道や下水道処理施設の被害が大きい

トイレに関わるライフライン被害は、西日本豪雨では断水約26万戸（最大）、停電約7万戸（最大）、下水処理施設・ポンプ場19か所、2019年東日本台風（台風19号）では断水約17万戸（最大）、停電約52万戸（最大）、下水処理施設19か所・ポンプ場31か所等とそれぞれ甚大な被害となった。

各ライフラインの復旧状況については、地震に比べて公表されている資料が少ないため、ここでは、比較的に情報が多く公開されている2019年東日本台風（台風19号）の事例を挙げておこう。

水害の場合の全体的な特徴として、給排水管そのものが破損しているわけではないため、地震に比べて、トイレに関わるライフラインの復旧は早かったと考えられる。それでも復旧完了や大方の目途が付くまでに要した日数は、上水道では約17日間（発生時約15万戸から300戸の約98％解消まで）、電気では約6日間（発生時約52万戸から300戸のほぼ解消まで）となっている（下水道は公表データなし）。

地震とは異なり、水害では給水管や排水管そのものが破損することはないが、給排水施設、下水処理場およびポンプ場、変電所等の浸水で機能不全となり、トイレも使用できなくなるという現象が発生している。前述した各豪雨災害においても、これらの施設に大きな被害が

東日本台風（台風19号）におけるライフライン被害

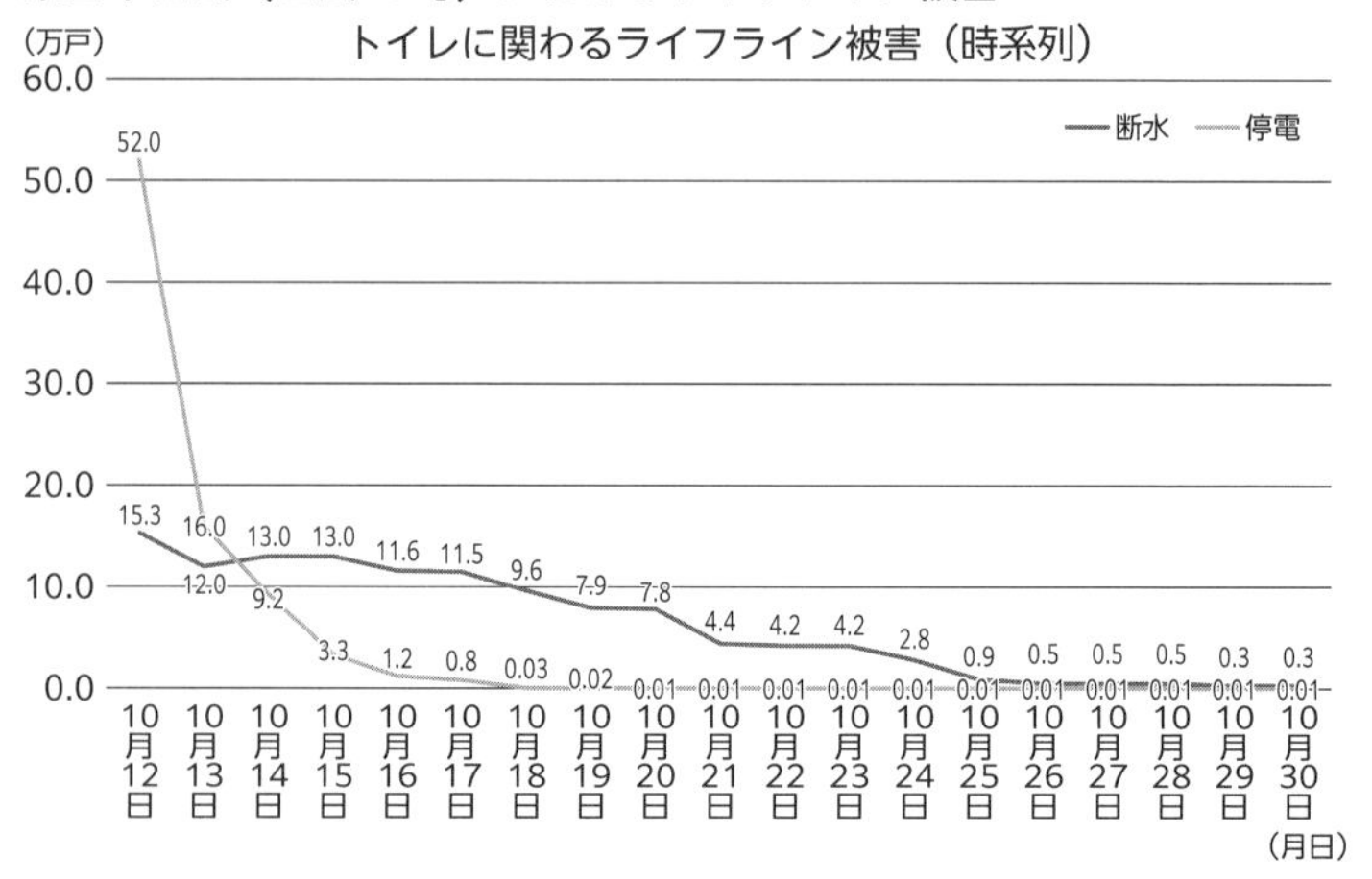

ライフライン＼月日	10/12（土）	10/13（日）	10/14（祝月）	10/15（火）	10/16（水）	10/17（木）	10/18（金）	10/19（土）	10/20（日）	10/21（月）
断水（万戸）	最大 約15.3	約12.0	約13.0	約13.0	約11.6	約11.5	約9.6	約7.9	約7.8	約4.4
停電（万戸）	最大 約52.0	約16.0	約9.2	約3.3	約1.2	約0.8	約0.03 （350戸）	約0.02 （240戸）	約0.01 （140戸）	約0.01 （120戸）
下水道（箇所）										
下水処理場	---	---	12	16	12	11	11	11	11	11
ポンプ場	---	---	9	19	17	31	32	31	31	24
避難所数（箇所）		4,300	2,000	289	188	164	143	449	154	141
避難者数（万人）		13.5	3.8	0.6	0.4	0.4	0.4	0.4	0.4	0.4
ガス（万戸）	ほとんど無	ほとんど無	ほとんど無	ほとんど無	ほとんど無	ほとんど無	ほとんど無	ほとんど無	ほとんど無	ほとんど無

ライフライン＼月日	10/22（火祝）	10/23（水）	10/24（木）	10/25（金）	10/26（土）	10/27（日）	10/28（月）	10/29（火）	10/30（水）	10/31（木）
断水（万戸）	約4.2	約4.2	約2.8	約0.9	約0.5	約0.5	約0.5	約0.3	約0.3	約0.3
停電（万戸）	約0.01 （120戸）	約0.01 （110戸）	約0.01 （110戸）	約0.01 （100戸）	約0.01 （80戸）	約0.01 （80戸）	約0.01 （80戸）	約0.01 （50戸）	約0.01 （40戸）	約0.01 （40戸）
下水道（箇所）										
下水処理場	8	8	7	7	7	7	7	7	7	7
ポンプ場	24	24	21	21	21	21	19	17	17	11
避難所数（箇所）	135	146	132	130	672	202	144	128	124	123
避難者数（万人）	0.3	0.3	0.3	0.3	0.4	0.4	0.3	0.3	0.6	0.3
ガス（万戸）	ほとんど無	ほとんど無	ほとんど無	ほとんど無	ほとんど無	ほとんど無	ほとんど無	ほとんど無	ほとんど無	ほとんど無

出典：2019年トイレ産業展セミナーにおける筆者作成・発表資料

発生したため、断水、下水道不全、停電等が広範囲で多数発生した。

つまり、いずれの豪雨災害においても、「断水・排水不全、停電」によってトイレ使用に不具合が発生していたわけである。

豪雨災害によるライフラインの被害想定は、地震に比べて被害の度合いが小さいため、どのような影響が出るかを想定しておくことはなかなか難しいが、豪雨における浸水エリア想定にもとづいてある程度の推定は可能だと考えられる。

今後、各種大規模地震の想定に加えて、頻発する豪雨災害によるトイレの被害想定、計画、ガイドライン等の整備も必須だろう。

(4)――各災害からの教訓と課題

①ライフラインの老朽化対策と耐震化をどう進めるか

災害時にトイレに困らない方策は存在しないのであろうか。そもそもトイレに関わる各ライフライン（上水道・下水道・電気）の耐震化が進行すれば、ポンプで配水ができ、断水もせずトイレが流せ、排出した汚水も下水処理場まで運ぶことが可能なため、トイレに困ることにはならないわけである。政府政策においても「国土強靭（きょうじん）化計画」（災害時に備え全国のライフラインを強靭化する計画等）を防災主要政策と位置づけて、全国のライフラインの耐震化を進行させている。しかしながら、各ライフラインの耐震化には相当な年数と費用がかかっていることを留意しておかなければならない。

一例として、「各ライフラインの耐震化率（全国平均）」の現状は左記の通りである（電気は公表データなし）。

上水道　管路 約41％、浄水施設 約33％

下水道　幹線 約50％、下水処理場 約36％

②帰宅困難者のトイレ問題

東日本大震災では「帰宅困難者」が、首都圏で約５１５万人、東京都内で約３５２万人も出た。政府は「首都直下地震」、「南海トラフ地震」では、それぞれ最大８００万人、３８０万人の「帰宅困難者」が発生すると想定している。その帰宅困難者のトイレはどうするのか。

帰宅困難者は各自治体にとり、「避難所から見た来訪者」でもあり、「昼間人口（昼間市民）」でもある。いずれとしてもその数が大きいことから防災計画においても無視することはできない。

実は、政府や行政が想定する「避難所のトイレ不足数」に、「帰宅困難者数」（避難所から見た来訪者）は基本的には含まれていない。

現在政府の（プッシュ型支援（4〜7日目）に必要な）「トイレ不足数」の算出式では、【（「避難所避難者」＋「避難所外避難者」）×上水道支障率（断水率）×一人1日当たりの使用回数5回×4日間】としているが、ここに「帰宅困難者数」を加える必要がある。結果、【（「避難所避難者」＋「避難所外避難者」＋「帰宅困難者数」）×上水道支障率（断水率）×一人1日当たりの使用回数5回×4日間】が、「トイレ不足数」を算定する際の理想値となる。

首都直下地震を例に「トイレ不足数」を算出し直してみると、現在の不足数合計約3200万回分に「帰宅困難者分」約4800万回（帰宅困難者数800万人×上水道支障率約30％×一人1日当たりの使用回数5回×4日間）が加わり、合計8000万回分のトイレ不足数と大幅に増加することになる。

③災害用トイレ整備はまだまだ発展途上

近年発生した東日本大震災、熊本地震や西日本豪雨（2018年）等の避難所等におけるトイレ事情は、徐々には進化してきたが、大きく改善されたとは言えない。

東日本大震災時に東京都内に溢れた帰宅困難者
出典：東京都ホームページ

その理由として、災害用トイレ製品（ハード）も進化し、プッシュ型支援（ソフト）の体制も進化しているが、災害発生時のトイレ必要量に対して、自治体・企業等による事前整備や市民自身による備蓄（備蓄率約20％）が万全ではないからだ（備蓄については第4章第1節を参照）。

加えて、大規模な災害が発生すると、支援に必要なトイレ数は膨大となり、業界団体やメーカーの供給が追い付かず、避難所の現場までトイレが迅速かつ充分に行き届いていないのが現状である。

さらにトイレの性質上、マスメディア等で取り上げられにくいこともあり、災害時のトイレ問題が課題として認識されず、問題解決がなされないまま次の災害が発生して、同じ問題を繰り返している。

④トイレも自助・共助・公助が大切

30年以内に70％の確率で起きるといわれる大規模地震、近

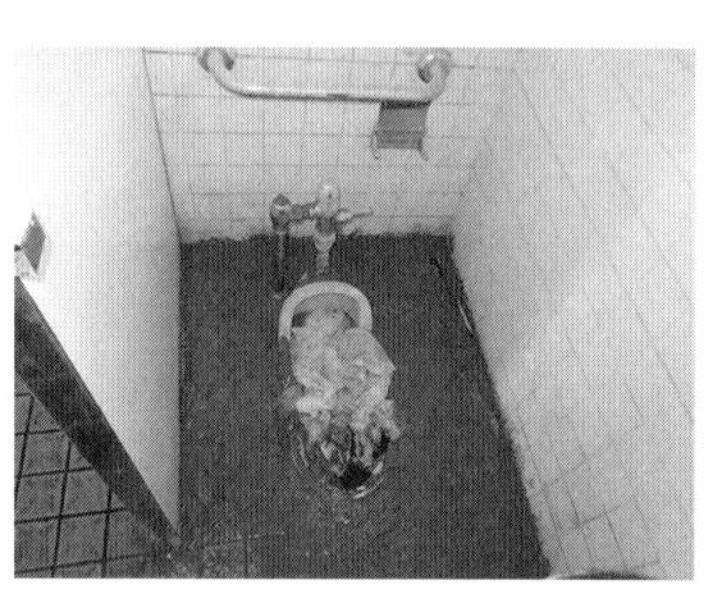

東日本大震災（2011年・左）、西日本豪雨（2018年・右）の避難所等におけるトイレの実状
写真提供：（株）総合サービス

年大型で頻発する台風、線状降水帯等の豪雨、新たな脅威となった新型感染症や、それらが同時多発的に発生する「複合災害」も含めて、我々は災害自体を避けることはできないであろう。

また、トイレ不全を防ぐ柱である各種ライフライン（上水道・下水道・電気）の耐震化が完了するには、しばらく時間がかかることが想定される。

しかしながら、トイレ不全については、事前に対策を講じておけば被害を回避することが可能である。防災分野における重要な考え方の一つに「自助・共助・公助」というものがあり、トイレもまさにこの視点が重要となる。

自治体（避難所）、企業、マンション管理組合、自主防災組織、町会、個人（自宅）それぞれが、「災害用トイレ」（仮設トイレ、マンホールトイレ、携帯トイレ、簡易トイレ等）を、自助・共助・公助の視点で事前に備えておくことで、災害時のトイレ不全を防ぐことが可能となるわけである。

トイレ（排泄（はいせつ））は、誰もが必要とし、命や健康にも関わる大切な生活行為である。災害時のトイレ対策を、自助・共助・公助の視点で、各々が事前に行うことができれば、「トイレパニック」を防ぐことが可能なのである。

（新妻普宣）

〈参考文献・引用資料〉

- 内閣府『防災白書』２０２０年、２０２１年
- 国土交通省「東日本大震災における下水道管、下水処理施設の被害及び復旧状況について」２０１１年
- 内閣府中央防災会議「東北地方太平洋沖地震を教訓とした地震・津波対策に関する専門調査会　第１回会合」２０１１年
- 宮城県庁「行政による下水処理施設の処理停止の通知」（ホームページ）２０１１年
- 文部科学省「平成23年東日本大震災における学校等の対応等に関する調査研究報告書」２０１２年
- 国土交通省「平成28年熊本地震における下水道管路施設被災の特徴と対策」２０１７年
- 熊本県土木部「熊本地震における下水道事業の復旧対応状況と課題」２０１７年
- 内閣府「物資支援（プッシュ型支援）の状況」２０１６年
- ㈱総合サービス資料・撮影写真　２０１１年、２０１６年、２０１８年

3 ダイバーシティと災害トイレ──ジェンダー・多様性の視点に立ったトイレ計画

(1)──災害時もトイレ利用者の多様性に配慮すべき

トイレは多様な人が使う。とても当たり前のことだが、その多様性の中身についていざ正面から議論しようとすると、意外と難しい。その理由としては、多様といっても幅がとても広いことと、当事者の声がなかなか伝わりにくいということが考えらえる。

トイレ利用の際の立場の違いといえば、なんといってもまず性別が挙げられるが、男女別は無論のこと、LGBTQの人たちなど多様な性のあり方に対応する必要がある。また、障害者への配慮といっても、肢体不自由の人もいれば視覚障害の人や内部障害の人などもいる。同じ障害でも、その程度によっても必要な配慮は異なるだろうし、障害者にも性別の配慮が必要であることは言うまでもない。高齢者・障害者が、ケアする家族などと一緒にトイレを使用する場合も多々あり、介助される側とする側の性別が違う場合（夫婦、息子と母など）もふくめて配慮が必要となる。

平常時でもトイレ利用における多様なニーズへ配慮が不十分な箇所が少なくないが、災害時にはさらに厳しい状況が発生しうる。停電や上下水道の破損などで、家庭を含めてトイレの使用ができない、もしくは使用方法の大幅な変更を迫られる、臨時に設置された通常と異なる仕様のトイレを使わなければならなくなる、といった状況が発生し、トイレ弱者ともいうような人たちもたくさん生じることになる。その結果、命のリスクにもつながるような健康被害も招いてきた。

災害時のトイレ問題が重大な健康リスクにつながる可能性があるものとして、エコノミークラス症候群（静脈血栓塞栓症、ＶＴＥ）が挙げられる。脱水状態の上、窮屈な場所で長時間同じ姿勢のままでいると、血流が悪くなり、血管の中に血のかたまり（血栓）が作られ、そこに痛みや腫れが生じることがあるが、さらにこの血栓がはがれ、肺の血管につまるのが肺塞栓症で、胸の痛みや呼吸困難、場合によっては死亡に至る可能性もある。

東日本大震災の被災地で被災者支援に当たった石巻赤十字病院の植田信策氏は、石巻市内の避難所での調査から、エコノミークラス症候群の原因となる深部静脈血栓症（ＤＶＴ）が多発していたこと、その要因として、津波で衛生環境の悪化した避難所での嘔吐（おうと）・下痢症に伴う脱水や、不潔なトイレを忌避して飲み水を控えたことによる脱水、密集した避難所での高齢者の活動低下などを挙げている。（注１）

特に、女性や障害者、高齢者は、大規模災害で通常の水洗トイレが利用できなくなり、使い勝手、プライバシー、防犯面などでトイレの利用に困難を感じると、利用回数を減らそうと、水分を取るのを控える傾向にあるだけに、リスクが高い人たちと言える。

以上から、災害時のトイレ問題は命・健康・尊厳の問題に直結するものであり、多様な立場から困難を把握し、対策に取り組んでいくことの重要性を理解いただけたのではないだろうか。

そこでこの節では、性別、年齢、障害の種類、介助など、災害時のトイレ利用に関する多様な立場の人の困難の現実と必要な配慮についてみていきたい。

(2)——性別による困難の違いと配慮

女性と男性では、肉体的特性によるトイレの利用方法の違いにより、環境や利用時間が異なる。女性は生理もあり、プライバシーや防犯面での配慮がより多く求められている。また、利用時間自体も、女性のほうが男性よりも長くかかる傾向にある。それだけに、トイレ環境の悪化するような大規模災害時には、特に女性がトイレの利用の面で厳しい状況に置かれる傾向にある。

過去の災害では、災害発生によって屋内のトイレが使用できない状況となり、屋外に穴を掘っただけの臨時トイレや、鍵もかからない状態の簡易トイレ、男女別になっていない仮設トイレなどを使用せざるをえないケースもあった。また、停電により、十分に照明が確保できない状況で屋内・屋外のトイレを利用しなければならない場合も少なくない。その結果、特に女性や子どもは、プライバシーや防犯面でのリスクに直面することになる。

民間企業が行った、20代～50代の被災経験のある女性１７６５人を対象とした常用トイレに関する調査によると、(注２) 災害時に最も困ったものにトイレを挙げる人が各世代とも最も多かった。また、実際に非常用トイレを利用した経験のある女性に、具体的にどのようなことに困ったかを聞いているが（複数回答可）、「安心できなかった・落ち着かなかった」が３～４割と最も多く、「共同トイレは不衛生で使えなかった」が２割以上、そして「袋に排便をするのに慣れなかった」「仮設トイレに一人で行くのが怖かった」、さらには「トイレを我慢して体調が悪くなった」といった回答も１～２割となっていた。

災害時のエコノミークラス症候群（ＶＴＥ）の問題に長年取り組んできた新潟大学の榛沢(はんざわ)和彦氏によると、新潟県中越地震では、ＶＴＥによる死亡が報道によって大きく報じられた発災８日後まで、ＶＴＥの発症者は増え続けており、医療機関に搬送された14人はすべて女性で、多くが被災前は健康だったという。また、ＶＴＥによる死者７人は全員女性で、６人

は50歳以下、３人が睡眠導入薬を服用しており、７人全員が夜間にトイレに行っていなかったという。（注３）

さらに、トイレの我慢や、シャワーを浴びたり下着をこまめに取り換えたりすることができないことで衛生状態が悪化し、膀胱炎（ぼうこう）や外陰炎などになる人も少なくない。そのため、トイレや入浴施設の整備はもとより、生理用品やおりもの用シート、生理用ショーツ、女性専用の下着干し場を用意するといったことも重要である。

高齢化により、男女ともに尿取りパッドなどを使用している人も増えているようだ。実際、豪雨水害に見舞われたある自治体の男女共同参画担当職員が、女性用トイレに生理用品を置くと同時に、男性用トイレにも支援物資として送られてきた男性用の尿取りパッドを置いてみたところ、使用されていたという。

内閣府男女共同参画局が２０２０年5月に公表した「男女共同参画の視点からの防災・復興ガイドライン」の〝避難所チェックシート〟におけるトイレのチェック項目は資料１の通りである。また、国が作成した「避難所におけるトイレの確保・管理ガイドライン」（２０１6年）の中の、災害時のトイレの確保・管理にあたり配慮すべき事項においても、〝女性・子ども〟の項目が設けられているが（資料２）、幼児用の補助便座を用意する、との記載もある。

多目的トイレが設置されていれば、ＬＧＢＴＱの人でも、また、異性のトイレ介助をする必要のある人でも、他者の目を気にすることなくトイレを使用できるようになるため、支援としては有効と言える。

資料１　避難所チェックシートにおけるトイレのチェック項目

□安全で行きやすい場所に設置されている
□女性トイレと男性トイレは離れた場所にある
□女性トイレ：女性用品・防犯ブザーの設置、仮設トイレは女性用を多め
□男性トイレ：尿取りパッド等の配置
□多目的トイレが設置されている
□洋式トイレが設置されている
□屋外トイレは暗がりにならない場所に設置されている
□トイレの個室内、トイレまでの経路に夜間照明が設置されている
□トイレに鍵がある

出典：「男女共同参画の視点からの防災・復興ガイドライン」（内閣府、２０２０年）

資料2　災害時のトイレの確保・管理にあたり配慮すべき事項の〝女性・子ども〟部分の抜粋

□トイレは男性用・女性用に分ける
□生理用品の処分用のゴミ箱を用意する
□鏡や荷物を置くための棚やフックを設置する
□子供と一緒に入れるトイレを設置する
□オムツ替えスペースを設ける
□トイレの使用待ちの行列のための目隠しを設置する

出典：「避難所におけるトイレの確保・管理ガイドライン」（内閣府、２０１６年）

なお、熊本地震では、熊本市男女共同参画センターはあもにいが、男女共同参画の視点からの環境改善活動として、内閣府男女局の避難所チェックシートを持って熊本市内の避難所を訪ね、運営スタッフへのヒアリングを行いながら環境改善を促している（授乳室等の設置状況や、避難所運営に女性が参画しているかどうかなど19項目）。その際、「女性更衣室」「授乳室」などと書かれた避難所用のプレートを作成して配布している。また、避難所で暮らす人への個別ヒアリングとともに、男女それぞれのトイレに意見箱「みんなの声」を設置し定期的に回収したうえで、行政担当者に改善を求めるという取り組みを行っている（熊本市男女共同参画センターはあもにい、２０１７）。

このように災害時のトイレは、情報伝達や被災者の声をすくいあげる場所にもなりうるのである。

(3)――障害の多様性から考える対策の質

障害者と言っても、肢体不自由、視覚障害、聴覚障害、内部障害、発達障害、精神障害と、多様な障害の形がある。また、年を重ねる中で途中から障害とともに生きるようになった人たちもいる。

障害者手帳を持っているかいないかにかかわらず、私たちは年を取るとともに、視力・聴力や認知能力をふくめた身体機能が衰えていくし、たとえ働き盛りであっても、けがをしたり腰を痛めたりすれば、たちまち生活は困難となる。

次頁の図は、在宅の身体障害児・者の数を年齢階層別に示したものだが、高齢化の進展とともに、高齢者の人数・割合が増えていることがわかる。

このように現状を見ていくと、災害時のトイレの問題を考えるにあたっては、障害者と健

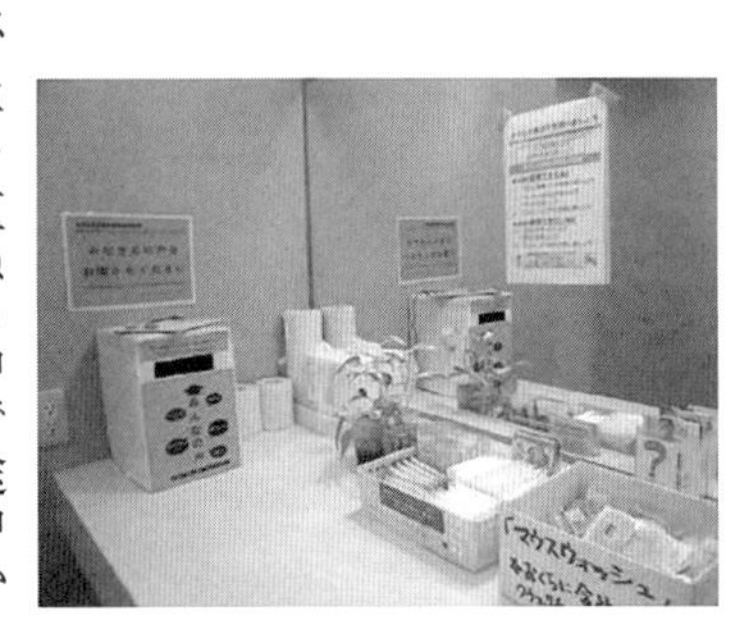

トイレに設置された意見箱「みんなの声」
写真提供：熊本市男女共同参画センターはあもにい

常者を区別したり、障害者と高齢者を異なる対象として考えるのではなく、障害の種類や程度、介助のあり方に応じて細やかに配慮を行っていくことで、誰もが使いやすいトイレ環境を作っていくことができると考えることが、対策の質を上げるうえで重要と思われる。

　実際、人道支援の国際基準である「スフィア基準」（80頁参照）でも、性別・年齢、そして障害の項目を組み合わせて、被災者の困難・ニーズの把握・分析を細やかに行う

年齢階層別障害者数の推移（身体障害児・者（在宅））

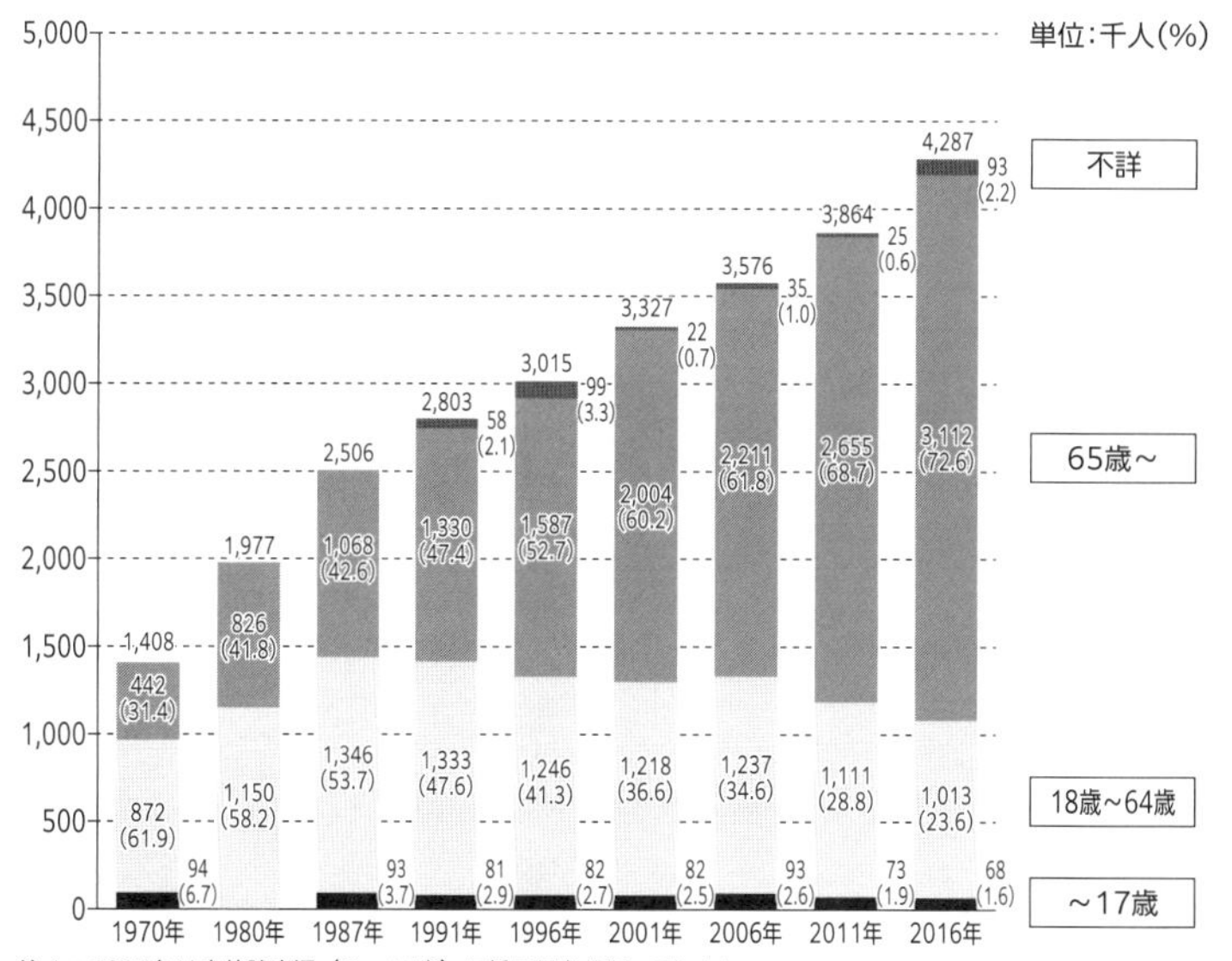

注１：1980年は身体障害児（０～17歳）に係る調査を行っていない。
注２：四捨五入で人数を出しているため、合計が一致しない場合がある。
資料：厚生労働省「身体障害児・者実態調査」（～2006年）、厚生労働省「生活のしづらさなどに関する調査」（2011・2016年）
出典：『令和３年版障害者白書』（厚生労働省）

よう促している。

なお、国が作成した「避難所におけるトイレの確保・管理ガイドライン」（２０１６年）の中の、災害時のトイレの確保・管理にあたり配慮すべき事項においても、〝高齢者・障害者〟という形でまとめられている（資料３）。また、〝その他〟の項目として、多目的トイレを設置する、人口肛門（こうもん）・人口膀胱保有者のための装具交換スペースを確保するといった項目が入れられている。

資料３　災害時のトイレの確保・管理にあたり配慮すべき事項の〝高齢者・障害者〟部分の抜粋

□洋式便器を確保する
□使い勝手の良い場所に設置する
□トイレまでの動線を確保する
□トイレの段差を解消する
□福祉避難スペース等にトイレを設置する
□介助者も入れるトイレを確保する

出典：「避難所におけるトイレの確保・管理ガイドライン」（内閣府、２０１６年）

(4)――計画・設計段階から多様な参加と地域社会全体の関与を

以上、災害時のトイレ対策には、いかに多様な視点が求められているかを共有してきたが、地域社会の関与が計画・設計の段階から徹底される必要がある。

人道支援の国際基準である「スフィア基準」の〝給食・給水・衛生促進〟（ＷＡＳＨ）では、取り組みの前提として、女性・少女、高齢者、障害のある人々がＷＡＳＨの施設とサービスにアクセスできるようにすること、そして、男性の積極的な衛生促進への関与は、家庭内や地域・組織での行動に決定的な影響を与える可能性があるため、男女両方が活動に参加するよう促すよう明記されている。

さらに、共用トイレの場所、設計や設置は、利害関係者の代表者に意見を求めることとし、年齢・性別・障害者、移動に不自由をきたす人びと、ＨＩＶとともに生きる人びと、失禁症患者や性的あるいはジェンダーマイノリティによるアクセスと使用についての考慮を求めている。

（浅野幸子）

（注１）株式会社 THINK vinc.「非常用トイレに関する女性のアンケート調査」
（注２）植田信策、２０１２、「東日本大震災被災地でのエコノミークラス症候群」『静脈学』23(4)、３２７-３３３、２０１２年
（注３）「災害後のエコノミークラス症候群対策」（榛沢和彦）https://www.igaku-shoin.co.jp/paper/archive/y2018/PA03298_02（最終アクセス２０２１年11月15日）

4　障害当事者の立場からみた災害時の困難

(1)──平時でも困難のある障害者のトイレ事情

①トイレは生活の質を左右する

人間の生存にとって欠くことができないのが排泄（はいせつ）であり、トイレという場所だ。日々何気なく使用しているトイレだが、障害のある人にとって普段でも使用することに困難をともなうことがある。

私は全盲の視覚障害者だが、外出先でトイレを探し、慣れないトイレに入ることは急ぎでなければ避けたい。トイレの場所へ案内してもらい、個室の様子や水栓の使い方等、説明を受ければよいのだが、常に手助けを得られるとは限らない。

まして重度の肢体不自由の障害者はトイレへの移動から排泄、その後の身支度も他者の介助にゆだねなければならず、介助する人の数と質というソフト、洋式便器の整備状況というハード、双方の要素によって、排泄のＱＯＬ（生活の質）は大きく左右されてしまう。

さらに障害のある女性は障害による不便さとともに、プライバシー面や性被害の不安など、女性であることによる困難が付きまとう。加えて、障害女性は周囲から性のない存在とみなされることがあり、そのために異性介助を強いられたり、性被害に遭う危険性が増す。

平時でさえ問題を抱えているのだから、災害発生時の過酷さを思うと想像するだけで恐ろしくなる。

②避難所で障害者にどう対応すべきか——「あなたのまわりにこんな方がいたら」の作成

私たち「ＤＰＩ女性障害者ネットワーク」（以降、女性ネット）は、障害があり女性であるために被る複合差別の課題を解消するため、施策提言や啓発活動を行っている。肢体不自由、視覚、聴覚などの障害女性が中心だが、障害のない女性もいる。互いの差異を認め合い、誰もが自分らしく生きられるインクルーシブ社会を目指して活動を行っている。

２０１１年3月11日、東日本大震災が起こった。私たちは運営メンバーのメーリングリストで互いの無事を確かめ合った後、被災した障害者、とくに障害女性がどのような状況に置かれているかを考えると、いてもたってもいられなくなった。各地に避難所が開設されたが、普段でさえ障害への理解が進まず地域から取り残されがちな障害者が、多くの被災者が詰めかけ混雑した避難所の中で適切な支援が得られるとは思えなかった。

「せめて対応マニュアルがあれば」という思いに突き動かされ、避難所などでの障害がある人への基礎的な対応について意見を出し合い、まとめたリーフレット、「あなたのまわりにこんな方がいたら」を作成し、広く活用してもらおうとウェブで発信した[注1]。肢体不自由、視覚・聴覚・知的・精神・内部障害など、障害特性に応じた支援のあり方について簡略にまとめている。また、障害種別を問わず共通する、障害者への接し方についても記載した。

列記しよう。

①障害のある人は、「かわいそうな人」や「自分では何もできない人」ではない。その人の年齢にふさわしい態度で接してほしい。

②障害特性により、危険に対して理解・判断がしにくかったり、適切な行動が取りにくい状況があることを留意する。

③外見では障害があると分からない場合もある。不思議と思う行動をしている人がいたら、「困ったことはないですか」と率直に話しかけ、その人の希望とペースに合わせた手助けをしてほしい。

などである。

③障害女性への配慮

とくに障害女性については、身の回りの介助（着替え・トイレ・入浴）は、女性による支援を徹底する必要がある。プライバシーの確保、性暴力の防止対策、被害があった場合の相談・支援体制も必要であり、女性一般への対応に含めた上で、障害女性の課題に理解ある人の登用が望まれる。障害のある女性は、ふだんから情報が届きにくく、声を上げることが難しく、ニーズを出しにくい立場におかれがちだ。

たとえば、人工呼吸器の装着が必要になった場合、女性のほうが男性より、呼吸器をつけて生きることを選ぶ割合が低いというデータがある。生きる優先順位を自分で低めてしまうのは、在宅福祉サービスが不十分であること、家族による介助を得られない環境、そして、家庭内で介護を担うのは女性の役割という意識の内在化により、介護される立場になることを受け入れにくい心理などが背景にあると考えられる。

さて、障害のある人も過ごすことができる避難所の環境整備については、段差を解消し、通路の幅を確保する、障害物を置かないなど、移動しやすいバリアフリー化が必要だ。幅90㎝以上なければ車いすは通行できない。

案内所・物資配布所・トイレなどの表示は、大きい表示板・色別テープなどでわかりやすくすることも必要だ。集団生活に適応しにくい人々には二次的避難所を設けることや、できるだけその人の事情が分かっている人と共に過ごすことが望ましい。盲導犬、聴導犬、介助犬は障害者の暮らしをサポートしている。使用者とともに避難する必要がある。

また、多くの人々の中で支援が効果的に実行できるよう、障害当事者や介助者は分かりやすい名札などで識別・表示することも考えられるが、希望しない人への強要にならない配慮も必要だろう。

障害別の具体的な支援についてはリーフレット全文を参照いただきたいが、障害のある人も個性・言語・国籍・セクシュアリティ・宗教など一人ひとり異なっていること、同じ障害でも障害の状況やその時の体調によって必要な支援は一様ではないことを、念頭に置いてほしい。

マニュアルにこだわりすぎることなく、その知識を参考にしつつ、目の前の当事者に臨機応変に対応していただきたい。少々の行き違いや失敗を恐れる必要はない。誠意は伝わるのではないだろうか。

(2)──被災障害者の体験から思う

①障害者の死亡率は住民全体の2倍以上

東日本大震災では障害者の死亡率は住民全体の死亡率の約２倍以上と言われている。心身が不自由であれば独力で危険から逃れることは難しい。家族や近隣住民の手助け、また災害時要援護者登録によって助かった人もいる。しかし、このシステムは登録数の少なさや、個人情報保護の壁に阻まれ被災後の支援に活用できないなど、十分機能していたとは言えないようだ。

被災した障害者の経験では、避難所で生活することは困難で、自宅で過ごしたという視覚障害者や肢体不自由者が多かったと聞く。

②視覚障害者のための防災・避難マニュアル

東日本大震災一年後に作られた「視覚障害者のための防災・避難マニュアル(注2)」では、避難所で生活をする上での問題点として、とくに、トイレへの移動や利用が非常に困難なことが挙げられている。体育館などの広い空間では、自分の位置やトイレの場所がわかりにくく、我慢してしまうことが多くあったという。トイレの使用方法についても便器の位置や流し方がわからない、流せないトイレでは備え付けの袋に紙をいれる、ひしゃくで水を汲んで流さなければならないなど、困難な様子が伝えられている。

避難所での支援員配置の必要性や、自身が積極的に視覚障害であることを伝え、援助を申し出ることとの大切さを強調している。

視覚障害者の移動はポイントを理解すれば、多くの人が支援者になれる。ただ、本来自宅や慣れている場所であれば独力で行えるトイレ利用が常に人を頼ることになった場合、そのストレスは蓄積しダメージを与えていくことになるだろう。

避難所で長期間滞在すれば心身に多くの負担を強いることとなり、災害関連死につながる恐れもある。自宅が住める状態であればそこに居続けることを選択することは当然と言えるし、感染症対策にもなる。

災害時の問題について、女性ネットメンバーに意見を聞いてみた。Aさん（脳性麻痺）は「そもそも床に寝ることはできず、避難所で過ごすことは難しい」と言う。ベッドがなければ介助そのものが非常に困難になるのだ。

③在宅避難の問題

最近、在宅避難が注目されている。自宅に破損がなく安全に過ごせるのであれば、有力な選択肢となる。そのためには、ライフラインの断絶を想定しての在宅避難の準備が必須だろう。そんな話をしている時、Bさん（脊髄損傷）は「災害でヘルパーが来れない場合もあり、避難所も必要」と言われ、あらためて様々な選択肢を準備することが大切と感じた。

防災用簡易トイレも入手しやすくなった。Cさん（視覚障害）も私も家に準備している。多くの人にとって扱いやすく、避難所でも有効に活用できるのではないだろうか。

また、Dさん（脊髄性筋萎縮症）は「人工呼吸器使用者にとって非常時の電源確保は命に関わる重要なこと」と強調する。

東日本大震災時、仙台に住んでいたDさんは「大震災後バリアフリーと称して造られた仮設住宅やスロープも幅が足りない、車いすで回転することができないなど、障害者にとって不十分で使いにくい」と指摘する。これは設計段階で障害者の声を聞いていない、当事者の参画がないためだ。

東日本大震災直後の仙台の避難所の様子
写真提供：CILたすけっと

たとえば点字ブロックの使い勝手が悪く造り直したなどという二度手間な事例は普段からよく聞くことだ。障害者はただ支援を受けるだけの存在ではない。防災施策の立案から地域防災計画の策定・実施、避難所運営委員会メンバーとして設置者側に加わるなど地域の一員として関わらなければ、障害者にとっての防災は実現しない。

(3)——インクルーシブな地域防災を目指して

これまでトイレを中心に災害時における障害者の困難について考えてきた。災害の多くは突然やってくる。被害のありようも想定外ということが多い。行政の防災施策も民間団体の取り組みも重要だが、それを前提として、災害弱者と言われる高齢者や障害者の救命や避難、その後の生活支援にとって、近隣住民個々人の力は欠くことができない。

住み慣れた家の中でスムーズに生活している視覚障害者であっても、地震で物が倒れてしまうと玄関に行くことすら難しくなり、停電で必要な情報も得られなくなる。

聴覚障害者は、がれきを避けて避難することはできても、停電になればやはり情報を得られない。避難を指示するアナウンスやサイレンの音は、聴覚障害者には届かない。

たとえ緊急用のメール配信などで情報が入ったとしても、混乱した状態の中で避難するのは難しく、障害と気づかない人に話しかけられた時、無視したと思われることさえ起こりかねない。精神や発達障害、内部障害など外見でわからない障害者も誤解されることが多いのではないだろうか。障害を理解した上で支援してくれる人の力が必要になる。

前述した「あなたのまわりにこんな方がいたら」を作りながら、このリーフレットの内容は平時でも共通すること、普段から障害者の存在や付き合い方が知られていないと話し合った。

２０１８年西日本豪雨の中、岡山県倉敷市真備（まび）町で軽度の知的障害のある母と子が浸水した自宅で溺死した。母子は社会福祉法人の支援を受けながら暮らしていたが、近隣との交流はなかったという。

支援員との最後の電話では、母親は避難先がわからないと言っていた。逃げる支度をしていたものの、５歳の娘を抱えるように、押し入れで亡くなっていた。真備町で犠牲になった42人は、高齢者や障害者など自力で避難することが困難な人々だったという。

目立たないかもしれないが、障害者や要介護高齢者は地域に住んでいる。文字通り誰もが取り残されない防災をみんなで考えていきたい。そのためには施策検討から地域の取り組みに至るまで、障害当事者の参画が必須であり、時には要援護者中心の避難訓練を実施することも大切ではないだろうか。

障害ゆえに積極的な行動やコミュニケーションが難しい場合もあることを理解していただきながら、対等な地域住民として付き合い続けてほしい。障害、性別、年齢、国籍、宗教、文化などの多様性を認め合い、ともに暮らしていけるインクルーシブ社会は災害にも強いはずだ。

（佐々木貞子）

（注1）「あなたのまわりにこんな方がいたら―避難所などでの障害者への基礎的な対応」（ＤＰＩ女性障害者ネットワーク）。原文はＤＰＩ女性障害者ネットワークのホームページ内「資料」→「リーフレット一覧」（https://dwnj.chobi.net/?p＝320）からダウンロード可能。

（注2）「視覚障害者のための防災・避難マニュアル」（社会福祉法人日本盲人会連合、２０１２年3月）http://www.bousai.go.jp/taisaku/hinanjo/h24_kentoukai/2/pdf/5_6.pdf

コラム　スフィア基準――尊厳ある避難生活のための基準

　1994年に起きたアフリカの「ルワンダ虐殺」で、世界中から支援の手が差し伸べられた難民キャンプで赤痢やコレラなど感染症で約3万人もの避難民が亡くなった。これを契機に各国政府やNGO、赤十字・赤新月運動などが連携して人道支援のあり方を検証し、1997年に支援活動の現場で最低限守るべき基準（言い換えれば、災害や紛争の影響を受けた人々が、尊厳ある生活を営むための最低限の基準）をまとめて「人道憲章と人道対応に関する最低基準」(Humanitarian Charter and Minimum Standards in Humanitarian Response) を発表した。「スフィア基準」(Sphere) と呼ばれている。

　スフィア基準の初版は1998年に発行され、現在は2018年版が公表されている。スフィア基準の詳細が書かれたスフィアハンドブックには、「給水、衛生および衛生促進」「食料安全保障および栄養」「避難所および避難先の居住地」「保健医療」といった項目ごとに詳しい対応の方法、技術的な基準が示されている。

　トイレについては「給水、衛生および衛生促進の基準」の中の「し尿管理基準」として書かれている。し尿管理基準3・2「トイレへのアクセスと使用」の項には、子ども、高齢者、妊婦や障害者を含むすべての人びとが安全に利用できる十分な数のトイレにアクセスできることや、中から鍵がかけられること、プライバシー管理、使用や清潔を維持することが容易であること、さまざまな利用者向けに適切なスペースが設置されていること、手洗い用、肛門（こうもん）洗浄用と水洗用の水がたやすく供給されること、女性用の生理用品、子ども用や成人用の失禁用品を尊厳をもって洗濯、乾燥または処理することができること、ハエや蚊の繁殖が最小限に抑えられていること、臭いが最小限に抑えられていることなどが示されている。「住居から50メートル以内に設置されている」という記述もあり、仮設トイレを考える場合は設置場所にも考慮が必要だということだ。

トイレの数については生活環境の変化に対応して考えることとし、「危機の初期段階」では、迅速な解決策として「共同トイレは50人に最低1基」とし、可能な限り速やかに状況を改善する。中期段階になると「20人に最低1基」とし、「女性用と男性用の割合が3対1」となるようにする。

また障害者を含むすべての人びとの権利を尊

[スフィア基準] コミュニティ、公共の場や施設における最低必要なトイレの数

場所	短期	中長期
地域社会	50人につき、1基（共同）	20人につき、1基(家族で共有) 5人につき、1基または1家族につき、1基
市場	50店舗につき、1基	20店舗につき、1基
病院／医療センター	20床または外来患者50人につき、1基	10床または外来患者20人につき、1基
給食センター	成人50人につき、1基 子ども20人につき、1基	成人20人につき、1基 子ども10人につき、1基
受入／一時滞在センター	50人につき、1基 女性用と男性用の割合は、3：1	
学校	少女30人につき、1基 少年60人につき、1基	少女30人につき、1基 少年60人につき、1基
事務所		職員20人につき、1基

重し、「個室で、性別に関係なく、スロープ付きかフラットなままでアクセスでき、多様な人びとがアクセスしやすい構造になっているトイレ」が「最低250人に1つは存在すべきである」という記述もある。

スフィア基準には避難所や避難先の居住地に関する基準があり、避難所の居住スペースは「1人あたり最低3・5㎡」と書かれている。畳2枚分程度で、家族4人なら8畳くらいが基準となるが、日本の避難所の現状はどうだろうか。スフィア基準に照らすとトイレ以外にも改善すべき課題は多いように思われる。

（山本耕平）

第2章

国や自治体の災害トイレ対策

１　国の防災政策ではトイレはどうなっているか

「首都直下地震」および「南海トラフ地震（東海・東南海・南海地震）」等の大規模地震が発生する確率は「30年以内に70％（南海トラフ地震は70～80％）」と想定されている。トイレに関わる各ライフラインの被害想定も当該エリアの想定人数の２分の１～３分の１にわたる膨大な被害者数となっており、トイレの不足数は天文学的な数値になる（首都直下地震で約３２００万回、南海トラフ地震で約９７００万回が不足する）と想定されている。「トイレ災害」を防ぐための事前対策は「喫緊の課題」となっている。

ところが、我々市民の視点では、災害時にトイレが不全となること自体を知らない人、または経験したことがない人がほとんどと思われる。トイレが不全となることを知っている人や経験した人でも、その原因を上水道被害による「断水」と考えている。実際には、上水道の断水だけでなく、下水道、電気を含めたライフラインの３要素のうち「いずれか一つが不全となるだけでトイレは使えない」のだが……、そこまで知っている人は皆無ではなかろうか。

また、国の災害が起こった時のトイレ対策はどのようなものであったのか。その実態についても、報道で取り上げられる機会が少ないため、日常では目にすることがほとんどない。

トイレ環境の悪化は、ノロウイルス等の感染症の温床となる。加えて、劣悪なトイレ環境への敬遠から、(避難所等に避難した場合)飲食の支援があってもトイレを我慢することにより、エコノミークラス症候群(静脈血栓塞栓症)の主因となり、命にも関わる最重要課題となっている。

そのような背景から、3つの主眼「国の被害想定」「事前の備え」「対策」を柱として、以下にトイレの視点から国の各種資料を分析してポイントを解説してみたい。

(1)——国の災害被害想定ではトイレはどうなっているか

国や行政の災害被害想定のイメージでまず浮かぶことは「地震発生確率」や「ハザードマップ」ではないだろうか。一方で、災害時における「トイレ不全(不足)マップ」なるものは現時点で存在していない。すなわち、災害が実際に発生しないと、自身のエリアにおいて「トイレが不全(不足)」となるかどうか明確になっていないのである。

そこで本項では、災害が発生した際に「トイレが不全(不足)」となることがみなさんにもわかるように、「トイレが不全となる理由」「トイレに関わるライフラインの被害想定」「トイレ不足数一覧」等のポイントを解説していこう。

①地震発生確率　30年以内に70％以上

現在、国が想定する大規模地震は、「首都直下地震」および「南海トラフ地震」（東海・東南海・南海地震）の主に2つである。いずれも「30年以内に70％（南海トラフ地震は70〜80％）の確率」で発生すると想定されており、トイレに限らず（事前・発災時・事後における）防災対策は喫緊の課題となっている。

「30年以内に70〜80％の確率」と聞くと、ほど遠い先のことに思われるかもしれないが、特に、「南海トラフ地震」においては、過去の実例から発生する間隔が１００〜１５０年間隔と想定されており、東海地震においては、前回の大地震からすでに１６０年近くが経過しているため、いつ発生しても不思議ではない緊迫した現状となっている。

②トイレが不全となる理由

被害想定に入る前に、「トイレが不全となる理由」について触れておきたい。

なぜならば、トイレが不全となる理由は「断水（上水道不全）」のみであると理解している人が多数のためである。結論として、トイレはライフライン3種類（上水道・下水道・電気）のいずれかが被害を受けるだけで不全となることをぜひ知っていただきたい。主な理由は左記のとおりである。

〈ライフライン別・トイレが不全となる理由〉

上水道：トイレに使用する水を送る配水管の破損や浄水場の故障で不全（断水）となるため（配水管やその手前にある浄水場のどこか一か所でも不全となると水が届かなくなる）。

下水道：トイレを受け入れる下水道管路の破損や下水処理場の故障で不全となるため（下水道管路やその先にある下水処理場が、どこか一か所でも不全となるとトイレ汚水が流せなくなる）。

電　気：トイレへ水を送る機器や装置が停電で不全となるため（建物に配水するポンプやトイレの自動洗浄装置が止まり使用できなくなる）。

③トイレに関わるライフライン被害想定

内閣府（中央防災会議）の資料によると、大規模地震（「首都直下地震」および「南海トラフ地震（東海・東南海・南海地震）」）別に、トイレに関わるライフラインの被害想定は88頁の表の通りとなっている。

首都直下地震、南海トラフ地震のいずれの場合を見ても膨大な被害が想定されている。ライフラインの視点だけでも、想定エリア内の人口の約2分の1～3分の1という膨大な数の

首都直下地震の場合

上水道	1,440万人　想定エリア人口の約30%が断水
下水道	最大150万人が不全　復旧に約30日以上
電気	1,220万軒　想定エリア人口の約50%が停電

南海トラフ地震の場合

上水道	3,440万人が断水　復旧に約60日
下水道	3,210万人が不全
電気	2,710万軒

首都直下地震・南海トラフ地震（東海・東南海・南海地震）別トイレに関わるライフラインの被害想定
出典：内閣府資料より著者作成

方々が、1か月から2か月間の長期にわたって、不自由な生活を強いられるわけである。

我々が、それぞれのライフライン被害想定人数（および軒数）と同数の「トイレ不全」が発生する前提で、事前に準備をしておかなければならない理由がご理解いただけたかと思う。ここに述べたのはライフライン別の被害想定であり、それぞれのライフライン被害が各地に「分散」して発生すれば、トイレ不全のエリアがさらに拡大することとなる。

たとえば、過去の震災の実例を見ても、あるエリアでは断水でトイレ不全となり、別のエリアでは上水は通水しているにもかかわらず、下水道（または処理場）が不全となり汚水が流せず、トイレ不全となった事例も多数発生している。

2016年4月に発生した熊本地震では、熊本県益城（ましき）町において、まさにそのような事例が発生した。同エリアでは上水道は早期に復旧したが、下水道は広範囲に不全となり、トイレの不全も広範囲で発生していた。

したがって、災害時におけるトイレ不全は、ライフラインのいずれかが不全となるだけで発生する非常に脆弱な機能であり、その被害も同時多発的に発生して被害想定以上となる可能性がありうることを心得ておく必要があるのだ。

加えて、トイレ被害が大きくなる理由の一つとして、各ライフライン被害が各エリアにおいて「分散」して発生すると、そのエリアのトイレ不全は長期化する。被災して不全となった各ライフラインの復旧日数が異なる上、復旧日数が一番長期化するライフラインに引っ張られる形で、トイレの復旧が遅れるためである。

たとえば、前述した「首都直下地震」の各ライフライン復旧日数から想定すると、各ライフライン別の復旧日数は、「上水道約30日、下水道約30日以上、電気約30日」となっている。仮に下水道の30日以上を45日とした場合、トイレの復旧日数は45日となる。すなわち、上水道と電気は30日で復旧するにもかかわらず、下水道が不全でトイレが流せないため、45日間もトイレ不全状態が継続することになるわけである。

結論として、トイレはライフライン3種類（上水道・下水道・電気）のいずれかが被害を受けるだけで不全となり、それぞれのライフライン被害が各地に「分散」して発生すれば、トイレ不全のエリアが増大し、その復旧には「復旧最大日数のライフラインに連動する」ということをぜひ知っていただきたいと思う。

④想定地震別「トイレ不足数」一覧

政府の計画では、ライフライン（上水道・下水道・電気）別の被害想定人数（88頁の表）のほかに「トイレ不足数」を具体的に想定した計画も存在する（「首都直下地震における具体的な応急対策活動に関する計画」および「南海トラフ地震における具体的な応急対策活動に関する計画」（いずれも内閣府）の2つ）。各想定では、発災から「4～7日目の支援に必要な（不足）数量」が明示されており、トイレについては、「首都直下地震で約3200万回が不足」、「南海トラフ地震で約9661万回が不足」すると想定されている。ただし、当応急計画は「4～7日目において支援に必要な数量」となっており、発災後から3日目までの3日間分の数量は含まれていない。

そこで、発災から7日目まで（7日間）で実際に不足する数量を把握するため、4日間分を7日間分に換算した数値も追記して表（91、92頁）にまとめて記載しておく。結果として、「首都直下地震で約5600万回が不足」、「南海トラフ地震で約1万6909万回が不足」するという結果となる。

さらに当計画では、物資調達は発災後、関係業界団体、関係事業者（災害用トイレメーカー等）および地方公共団体から供給することとなっているため、不足数に対して供給量が足りているのかを考察した。

「首都直下地震」発災後7日間で不足するトイレ数（都県別）

都府県名	A 1～3日目	B 4～7日目 国の想定数	C（A＋B） 小　計	D メーカー供給可能数	E（C―D） 発災後7日間で不足するトイレ数
埼玉県	299万	399万	698万		
千葉県	153万	204万	357万		
東京都	1,196万	1,594万	2,790万		
神奈川県	752万	1,002万	1,754万		
1都3県合計	2,400万	3,200万	5,600万	680万	4,920万

（単位：回、都道府県の各数値を万単位で四捨五入表示のため、合計値に誤差が生ずる。）
出典：「首都直下地震における具体的な応急対策活動に関する計画」（内閣府）、および（一社）日本トイレ協会実施調査結果から筆者作成。

仮に関係業界団体、関係事業者（災害用トイレメーカー等）のみが供給することとなった場合を想定した。災害用トイレメーカー供給可能量調査の結果（日本トイレ協会調べ）は、7日間で約680万回となっており、結果、「首都直下地震で約4920万回が不足」、「南海トラフ地震で約1万6229万回が不足」することとなる。いずれの地震に対しても不足数に対して供給数が大幅に不足していることがわかる。

様々な数値が表記されるとわかりにくいため、想定地震別に「トイレ不足数」（都府県別）をまとめておこう。

「南海トラフ地震」発災後７日間で不足するトイレ数（都府県別）

都府県名	A １～３日目	B ４～７日目 国の想定数	C（A＋B） 小計	D メーカー供給可能数	E（C―D） 発災後７日間で不足するトイレ数
神奈川県	1万	1万	2万		
山梨県	37万	49万	86万		
長野県	1万	1万	2万		
岐阜県	15万	20万	35万		
静岡県	1,082万	1,443万	2,525万		
愛知県	1,365万	1,820万	3,185万		
三重県	740万	986万	1,726万		
滋賀県	74万	99万	173万		
京都府	131万	175万	306万		
大阪府	560万	747万	1,307万		
兵庫県	63万	84万	147万		
奈良県	210万	280万	490万		
和歌山県	495万	660万	1,155万		
岡山県	119万	158万	277万		
広島県	42万	56万	98万		
山口県	2万	2万	4万		
徳島県	473万	631万	1,104万		
香川県	175万	233万	408万		
愛媛県	551万	735万	1,286万		
高知県	710万	947万	1,657万		
熊本県	1万	1万	2万		
大分県	47万	62万	109万		
宮崎県	352万	469万	821万		
鹿児島県	2万	2万	4万		
2府22県合計	7,248万	9,661万	16,909万	680万	16,229万

（単位：回、都道府県の各数値を万単位で四捨五入表示のため、合計値に誤差が生ずる。）
注１：国の想定数（B）は、発災後4～7日目（4日分）の必要物資数となっているため、発災初日から7日分の必要量に換算した。A（1～3日間の不足数）＝B（4～7日目の不足数）÷4日間×3日間
注２：発災時におけるメーカー供給可能数約680万回は、2017年（一社）日本トイレ協会の調査より
出典：「南海トラフ地震における具体的な応急対策活動に関する計画」（内閣府）、および（一社）日本トイレ協会実施調査結果から筆者作成。

(2)――防災基本計画と国のトイレ対策〜事前の備え〜

国の防災政策において「災害トイレ基本計画」は存在しないが、各種の計画にはトイレに関する記述があり、また自治体等への参考として災害トイレのガイドラインも作成されている。

国の防災対策の基本である「防災基本計画」について、トイレがどのように位置づけられているのか、そのポイントを解説していきたい。

①防災基本計画

「防災基本計画」とは、「災害対策基本法(※)」に基づき中央防災会議が作成する計画である。地震、津波、風水害等の「自然災害」から、海上・航空・鉄道等の「事故災害」に至る13種類の災害について、国の基本計画を総まとめにした計画となっている。阪神・淡路大震災や東日本大震災などの大規模災害の経験を礎に、防災諸施策の基本について、国、公共機関、地方公共団体(自治体)、事業者、住民それぞれの役割を明示している。

（※）「災害対策基本法」とは、１９６１年に制定された災害対策の最も基本となる法律であり、防災行政の責任の明確化や総合的かつ計画的な防災行政の推進等が示されている。

「防災基本計画の目的と構成」（第１編第１章）

○災害対策基本法（以下「法」という。）に基づくこの計画は、平成7年1月に発生した阪神・淡路大震災や平成23年3月に発生した東日本大震災などの近年の大規模災害の経験を礎に、近年の防災をめぐる社会構造の変化等を踏まえ、我が国において防災上必要と思料される諸施策の基本を、国、公共機関、

防災基本計画の構成と体系

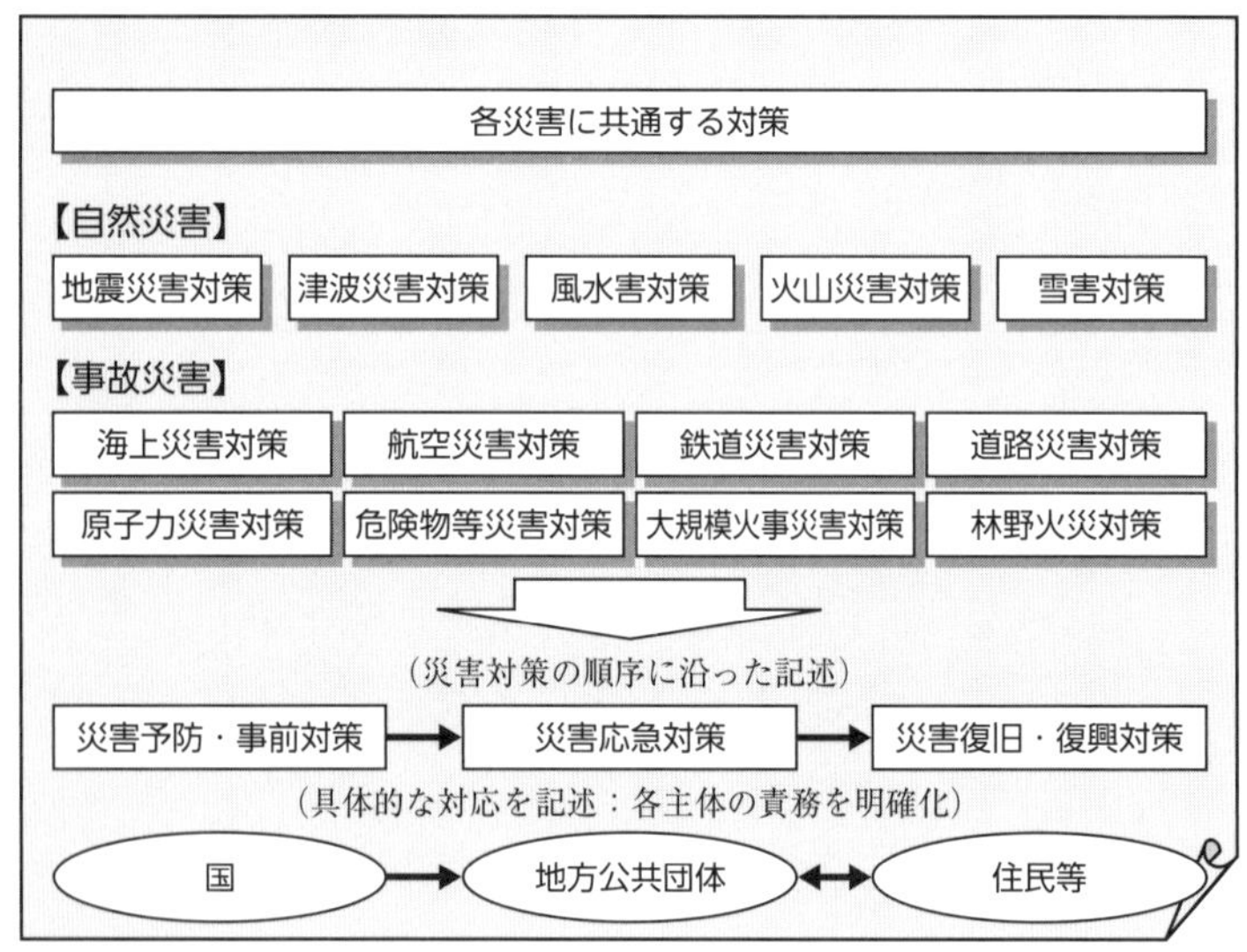

出典：内閣府資料

地方公共団体、事業者、住民それぞれの役割を明らかにしながら定めるとともに、防災業務計画及び地域防災計画において重点をおくべく事項の指針を示すことにより、我が国の災害に対処する能力の増強を図ることを目的とする。
○本計画は、現実の災害に対する対応に即した構成としており、第1編の総則に続いて、第2編において各災害に共通する事項を示し、以降、個別の災害に対する対策について、第3編を地震災害対策編、第4編を津波災害対策編、第5編を風水害対策編（中略）とし、それぞれ災害に対する予防、応急、復旧・復興のそれぞれの段階における諸施策を具体的に述べている。（出典：「防災基本計画」より抜粋、以下同）

これより、トイレに関わる主な計画項目およびポイントを列挙する。

「防災基本計画」第2編 第1章 第3節 第2項――(1)

○国〔内閣府等〕、公共機関、地方公共団体等は、防災週間や防災関連行事等を通じ、住民に対し、災害時のシミュレーション結果等を示しながらその危険性を周知するとともに、以下の事項について普及啓発を図るものとする。
・「最低3日間、推奨1週間」分の食料、飲料水、携帯トイレ・簡易トイレ、トイレットペ

ーパー等の備蓄、非常持出品（後略）

〈ポイント〉

●近年、災害用トイレの種類に「携帯トイレ」「簡易トイレ」「マンホールトイレ」が追記されている（従来は全文を通じて「仮設トイレ」のみが主要な対策品であった）。

●トイレを含めた食料や飲料水の備蓄推奨期間が「最低３日間」から「最低３日間、推奨１週間」に増加している。

「防災基本計画」第2編 第1章 第6節 第7項――(3)

○市町村は、指定避難所において貯水槽、井戸、仮設トイレ、マンホールトイレ、マット、非常用電源、衛星携帯電話等の通信機器等のほか、空調、洋式トイレなど、要配慮者にも配慮した施設・設備の整備に努めるとともに、避難者による災害情報の入手に資するテレビ、ラジオ等の機器の整備を図るものとする。

○市町村は、指定避難所又はその近傍で地域完結型の備蓄施設を確保し、食料、飲料水、携帯トイレ、簡易トイレ、常備薬、マスク、消毒液、段ボールベッド、パーティション、炊き出し用具、毛布等避難生活に必要な物資や新型コロナウイルス感染症を含む感染症対策に必要な物資等の備蓄に努めるものとする。また、備蓄品の調達にあたっては、要配慮者、女性、子供にも配慮するものとする。

〈ポイント〉

- 市町村は、指定避難所において仮設トイレ、マンホールトイレのほか、洋式トイレなど、要配慮者にも配慮した施設・設備の整備に努めることとなっている。
- 市町村は、指定避難所またはその近傍で地域完結型の備蓄施設を確保し、携帯トイレ、簡易トイレ等、避難生活に必要な物資や新型コロナウィルス感染症を含む感染症対策に必要な物資等の備蓄に努めることとなっている。

「防災基本計画」第2編　第1章　第6節　第8項

○国〔農林水産省、経済産業省、厚生労働省〕は、下記の物資について、調達体制の整備に特段の配慮をすることとし、その調達可能量について、毎年度調査するものとする。食料…精米、即席めん、おにぎり、弁当、パン、（中略）トイレットペーパー、ティッシュペーパー、携帯トイレ・簡易トイレ、仮設トイレ、乳児用・小児用おむつ、女性用品、マスク、消毒液

〈ポイント〉

●国（農林水産省、経済産業省、厚生労働省）は、トイレットペーパー、携帯トイレ・簡易トイレ、仮設トイレについて、調達体制の整備に特段の配慮をすることとし、その調達可能量について、毎年度調査することとなっている（ちなみに同調査について、（一社）日本トイレ協会も毎年協力している）。

「防災基本計画」第2編　第2章　第8節　第1項

○市町村は、指定避難所等の生活環境を確保するため、必要に応じ、仮設トイレやマンホールトイレを早期に設置するとともに、被災地の衛生状態の保持のため、清掃、し尿処理、生活ごみの収集処理等についても必要な措置を講ずるものとする。

〈ポイント〉

●市町村は、指定避難所等の生活環境を確保するため、必要に応じ、仮設トイレやマンホールトイレを早期に設置することとなっている。

②避難所におけるトイレの確保・管理ガイドライン

内閣府では避難生活を支援する行政が取り組むべき事項のうち、避難所のトイレ確保と管理に関してガイドラインをまとめている。これまでの災害経験をふまえて、災害時におけるトイレの確保や清掃や管理について、実務上の手引きとしてまとめられている。

主要目次

Ⅰ．現状と課題
Ⅱ．トイレの確保・管理に関する基本的な考え方
1 災害用トイレの確保にあたって
（1）トイレの仕組み～知っていますか、トイレの仕組みとその機能～
（2）災害時のトイレを確保する上での制約～ライフラインの機能途絶が水洗トイレに影響～
（3）体制づくり～災害時トイレの取り組みは一担当課では不可能～
（4）計画づくり～わがまちには一体いくつの災害時トイレが必要か～
2 災害時のトイレの確保・管理にあたり配慮すべき事項～誰もが使える環境を～
3 トイレの個数（目安）～被災者の健康が維持できるトイレの数とは～

4 災害時のトイレの種類～いくつあるか知っていますか？　災害時トイレの種類～
5 トイレの衛生管理～被災者が協力してトイレを清潔に。市町村は後方支援を～
Ⅲ．トイレの確保のための具体的な取り組み
1 トイレのモデルケース～災害時に備えるべきトイレを具体的にイメージしよう～
2 災害時のトイレの必要数計算シートの使い方～トイレの数を見積もります～
3 トイレ確保・管理チェックリスト～平時から発災後までにやるべきこと一覧表～

ガイドラインでは、災害時のトイレを確保するためにはトイレの自助、共助も重要であり、住民に対して災害用トイレの備蓄や訓練の実施、行政内の部局横断的な対策の構築、平時から災害時に発生する事態を想定した計画的な対策が必要であると記述されている。

またトイレの必要数について、過去の災害やスフィア基準を踏まえて、災害発生当初に「約50人に1基」、避難長期化の場合は「約20人に1基」という目安が示されている。

(3)――災害が起こった時のトイレ対策

災害発生時、国がトイレに関してどのような対策を実施するかについて、想定する2つの

大規模地震別に記された計画がある。

①首都直下地震の対策

首都直下地震の被害想定は、1都3県において、最大で死者2万3000人、経済被害は約95兆円に上ると想定されている。当計画では、発災時に備えて、5要素(緊急輸送ルート・防災拠点、救助・救急・消火、医療、物資、燃料・電力・ガス・通信)の視点でまとめられている。

発災時、国は当計画を基に緊急対策本部の判断により、被災地からの要請を待たずに直ちに行動(プッシュ型支援)をすることになっている。プッシュ型支援に想定される主な物資は、飲料水23万㎥(1〜7日)、食料5300万食、毛布16万枚、乳児用粉ミルク20トン、大人/乳幼児おむつ416万枚、携帯・簡易トイレ3200万回分、トイレットペーパー318万巻、生理用品489万枚となっている。

トイレについては、発災後、国が関係業界団体や関係事業者より「発災後4〜7日に必要な物資を調達し、被災都県の拠点へ輸送」することとなっているが、3200万回分と膨大な不足数に対して、調達先として想定されている関係業界団体や関係事業者の数量のみでは、前述したように供給能力不足であることがわかっている。

そのため、トイレの供給体制は大きな課題であり、事前の体制、発災時の迅速な支援体制の構築が求められている。

②南海トラフ地震の対策

南海トラフ地震の被害想定は、２府22県において、死者約32万人（最大）、経済被害約２２０兆円に上ると想定されている。

前述した「首都直下地震」の場合と同様に、５要素（緊急輸送ルート・防災拠点、救助・救急・消火、医療、物資、燃料・電力・ガス・通信）の視点でまとめられている。

発災時の対策も「首都直下地震」の場合と同様に、国は当計画を基に緊急対策本部の判断により、被災地からの要請を待たずに直ちに行動（プッシュ型支援）することになっている。

プッシュ型支援に想定される主な物資は、飲料水46万㎥（１～７日）、食料１億８００万食、毛布５７０万枚、乳児用粉ミルク42トン、大人／乳幼児おむつ８７０万枚、携帯・簡易トイレ９６６３万回分、トイレットペーパー６５０万巻、生理用品９００万枚となっている。

トイレについても同様に、発災後、国は関係業界団体や関係事業者より「発災後４～７日に必要な物資を調達し、被災都府県の拠点へ輸送」することとなっている。

③プッシュ型支援とは？

内閣府の資料によれば、プッシュ型支援とは、「発災当初において、被災自治体からの具体的な要請を待たずに必要不可欠と見込まれる物資、いわば被災者の命と生活環境に不可欠な必需品を、国が調達し被災地に緊急輸送するもの。（中略）食料や乳児用ミルク、携帯・簡易トイレ、毛布、生理用品、トイレットペーパー、紙おむつ等の基本商品のほか、避難所環境の整備に必要な段ボールベッドやパーティション、熱中症対策に不可欠な冷房機器、感染症対策に必要なマスクや消毒液などを支援しており、その他災害の様態や被災地ニーズも踏まえて適切に支援する。」となっている。

災害時の物資支援について

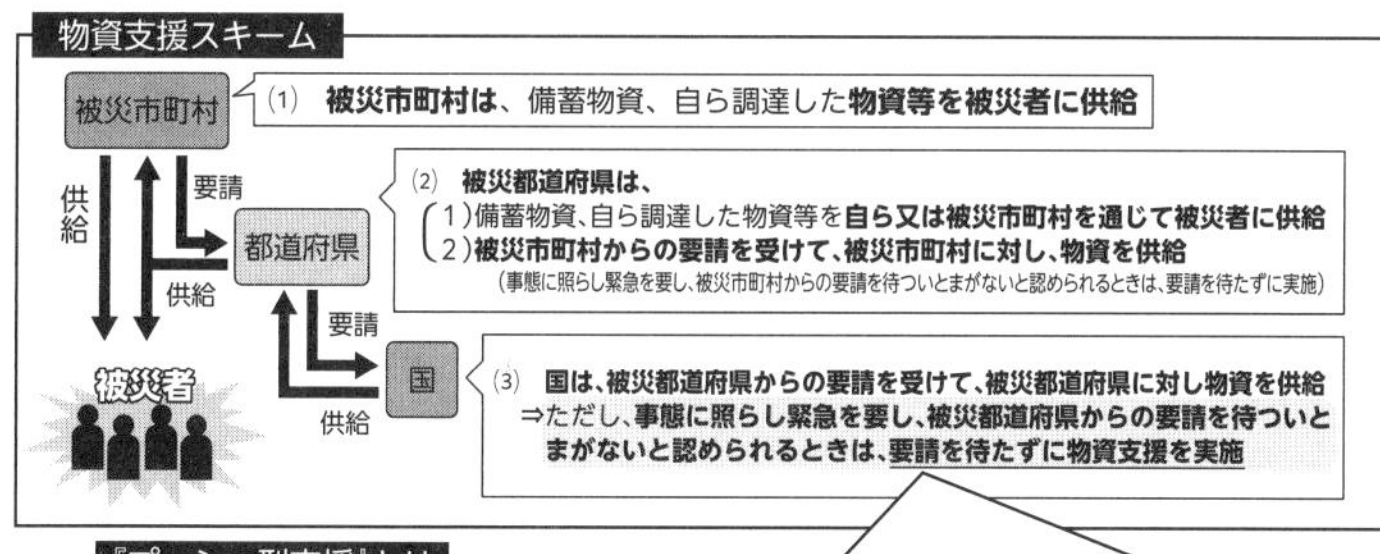

『プッシュ型支援』とは

発災当初において、**被災自治体からの具体的な要請を待たずに**必要不可欠と見込まれる物資、いわば**被災者の命と生活環境に不可欠な必需品を、国が調達し被災地に緊急輸送する**もの。

（◇東日本大震災等の経験・教訓から災害対策基本法が平成24年に改正、平成28年熊本地震において初めて実施）

- **食料や乳児用ミルク、携帯・簡易トイレ、毛布、生理用品、トイレットペーパー、紙おむつ等**の基本品目のほか、
- **避難所環境の整備に必要な段ボールベッドやパーティション、熱中症対策に不可欠な冷房機器、感染症対策に必要なマスクや消毒液など**を支援しており、その他災害の様態や被災地ニーズも踏まえて適切に支援する。

出典：内閣府「防災白書」より

プッシュ型支援の標準対象品目 （「首都直下地震」・「南海トラフ地震」共通）

プッシュ型支援の対象物資は、被災者の命と生活環境に不可欠な必需品であり、以下の品目を標準品目とする。

〈標準品目〉

○食料

○育児、介護食品
・乳児用粉ミルク
・乳児用液体ミルク
・ベビーフード
・介護食品

○水・飲料

○衣類関係（男性用、女性用、子供用）
・防寒着
・衣類（トレーナー、Ｔシャツ、ズボン）
・下着類
・くつ下・ストッキング
・履物（スリッパ、サンダル、靴）

○台所・食器関係
・紙食器
・プラスチック食器
・割箸
・スプーン
・フォーク
・カセットこんろ
・カセットボンベ

○電化製品関係（避難所で共同使用するものに限る）
・乾電池
・延長コード
・懐中電灯
・ランタン
・携帯用充電器（電池式）
・洗濯機
・乾燥機
・掃除機
・冷蔵庫
・冷暖房器具
・加湿器
・空気清浄機

○生活用品関係
・シャンプー
・リンス
・洗面器
・石けん
・ボディソープ
・歯磨き粉
・歯ブラシ
・かみそり
・ハンドソープ

○トイレ関係
・仮設トイレ
・携帯トイレ
・簡易トイレ
・防臭剤
・除菌剤
・消臭剤

○掃除洗濯用品
・ごみ袋
・バケツ
・掃除用洗剤
・衣料用洗剤

○防寒具・雨具・熱中症対策用品
・カイロ
・レインコート
・傘
・瞬間冷却材
・冷却シート

○寝具・タオル関係
・タオル
・布団
・シーツ
・マットレス
・毛布
・枕
・タオルケット
・段ボールベッド
・段ボール間仕切り
・パーティション

○その他生活雑貨
・爪切り
・マスク
・手指消毒剤
・うがい薬

○ペーパー類・生理用品
・生理用品
・ウエットティッシュ
・ウエットタオル
・ペーパータオル
・ティッシュペーパー
・トイレットペーパー
・ボディシート

○育児、介護用品関係
・紙おむつ（大人用／子供用）
・おしりふき
・ほ乳瓶消毒ケース
・ほ乳瓶消毒液
・ほ乳瓶（使い捨てほ乳瓶を含む）

○応急用品・復旧資機材関係
・給水ポリ袋
・給水ポリタンク
・土のう袋
・ブルーシート
・ロープ
・ゴム手袋
・長靴
・防塵マスク
・防塵ゴーグル

出典：内閣府防災ホームページより

従来は被災自治体が被災者や避難者のニーズをとりまとめて支援を要請してきたが、発災当初は被災自治体が正確な情報を把握し、必要な物資を発注したり支援要請するには時間がかかること、民間も物資の供給能力が低下すること等から、必要な物資量を迅速に被災地に供給する仕組みが整えられた。前章で述べたように、熊本地震が初のプッシュ型支援の対象となった。

プッシュ型支援の対象品目の中には、仮設トイレ、携帯トイレ、簡易トイレや消臭剤、トイレットペーパーなどのトイレ関連用品が基本品目として含まれている。

(4)——今後の課題

過去に発災した災害や近年頻発する災害の教訓から、トイレに関する国の施策もかなり充実してきたと思われる。前述の防災基本計画やガイドラインに示されたように、トイレについて、行政・企業・自主防災組織・国民それぞれが、ハード面とソフト面ともに、事前の備え・対策など、決められた役目を果たすことにより、想定された各災害に対して、被害を最小化することが可能となる。

トイレは命にも関わる最も重要な要素であり、事前に対策すれば防げる災害、すなわち「減災」の対策でもある。

今後の課題は、「地震」だけでなく「風水害（豪雨、大型台風）」や「感染症」が同時多発的に発生する「複合災害」に備えることである。

近年多発する豪雨災害においてもトイレ不全が広範囲で発生している。想定以上の雨が降ると、下水道管路や下水処理場の不全、河川氾濫による浸水等により断水や排水不全となりトイレが使用できなくなるためである。また東京都のような合流式下水道（汚水と雨水をいっしょに下水道で集めて処理する仕組み）の場合は、一定の降水量を超えると処理できない汚水はそのまま河川に放流される。知らないところで水質汚染につながっているということも知っておく必要がある。水洗トイレが使える状況でも、われわれが排泄した汚物がそのまま川に流れているかもしれないのである。

また、「新型コロナウィルス感染症」の発生で、避難所等におけるトイレ対策のあり方も大きく変化している。多数の避難者が長期間にわたり共用のトイレを使用することとなり、「3密（密閉・密集・密接）」や接触感染の可能性が増加するためである。

この新たな2つの要素「豪雨」・「感染症」を踏まえて、今回取り上げた各種計画も大幅に見直されることになるだろう。たとえば「在宅避難」という新しい言葉がすでに登場している。これまでは災害が発生すると「避難所避難」が主な対策となっていたが、避難所に避難すると「3密（密閉・密集・密接）」となるため、3密とならない「在宅避難」が推奨され始めている。

トイレについても、各種計画が新たな2つの要素となっている「豪雨」・「感染症」を踏まえて、更新されていかねばならない。

「食べ物飲み物は我慢できるが、トイレはいっときも我慢できない」のである。

（新妻普宣）

〈参考文献・引用資料〉

- 内閣府「南海トラフ地震における具体的な応急対策活動に関する計画」2021年
- 内閣府「首都直下地震における具体的な応急対策活動に関する計画」2021年
- 一般社団法人日本トイレ協会「災害用トイレの備蓄に関する調査報告書 概要編」2018年
- 内閣府 中央防災会議「防災基本計画」
- ㈱総合サービス資料・撮影写真 2011年、2016年、2018年

コラム

自衛隊のトイレ、警察のトイレ、消防のトイレ

地震、台風などの風水害、津波、大規模の火災等、災害が起こると地域住民の安全確保、救助に向かうため、様々な人々が出動する。

救助に向かうための道路を確保し、がれきの片づけも行わなければ、救助隊も被災地に入れない。出動先が被災地となるので、被災者も大変だが、初期活動にあたる人たちにとってもトイレ問題は深刻だ。

自衛隊が災害救助活動で各地に大人数の隊員を派遣する際には、いろいろな資機材、水や食料品とあわせて、トイレ専用の車両も出動する。防衛資機材となるので写真は紹介できないが、ボランティア活動などで被災地に向かう時には、自衛隊の提供するトイレカーも見つけてみてほしい。

同様に、各都道府県警察本部からも災害地への応援に向かうことが多く、自衛隊同様にトイレ専用の車両も出動する。

消防も水害などの災害時には緊急出動して、真っ先に被災地の対応をすることとなるが、出動先でトイレが使えないことが多く、人口の多い消防本部には、指令車両にトイレを取り

ドライレットを搭載したトイレカー

付けている。火事だと再燃しないように現地で24時間見守ることになるので、トイレは必需品なのだ。

（寅　太郎）

2 自治体の災害トイレ対策の現状

(1)――災害トイレ計画の策定状況

①地域防災計画とトイレ

国の「防災基本計画」では、自治体は避難所等の良好な生活環境を確保するために、仮設トイレやマンホールトイレを早期に設置することや、し尿の収集処理について必要な措置を講ずること等、非常に具体的な内容が盛り込まれている。国の計画をふまえて都道府県、市区町村は「地域防災計画」を作成しなければならない。

地域防災計画は、自治体ごとに地震災害や水害などの災害別の被害想定を行い、災害予防に関することや災害時の組織体制、応急対策、生活の復旧などについて定める。避難所や防災拠点（自治体によって位置づけや呼称は異なる）の種類や開設の方法、物資の調達やボランティアの受け入れなど、災害が起きたときの応急対策をあらかじめ計画し、すみやかに発動できるようにすることが必要とされている。そのために、国は「災害時のトイレ確保・管理計画」をつくることが望ましいとしているが、策定している自治体は極めて少ない。

日本トイレ協会では2019年に全国の市町村および東京都特別区を対象に、災害トイレに関する調査を実施した。その結果、地域防災計画の中に災害トイレ計画を定めているところは57％、災害廃棄物処理計画の中に定めているところが16％、災害時のトイレ対策について特別の計画やマニュアルを定めているところは6％となっている。一方で34％は特に計画を定めていないと回答している[注1]。

地域防災計画は、行政の災害対応のための計画であるが、どこまで詳細な内容を盛り込むかは自治体の裁量なので、トイレに関しても仮設トイレ等の備蓄や調達の方針を示したものから、具体的な防災施設整備の中にマンホールトイレ等の整備を位置づけている計画もあれば、ほとんど具体的な記述のない計画もある。

先進的な例としては、神戸市の地域防災計画には災害トイレについて詳しい記述がある。神戸市ではすでに初動対応のトイレを計800基（250人あたり1基）、後続対応としての流通備蓄・広域応援を含め2000基（100人あたり1基）を整備しているが、できるだけ水洗トイレが使えるようにするために水を確保することや、平常時から施設管理者や住民の協働による災害時のトイレ運営体制づくりを地域防災計画の中に盛り込んでいる。

また災害トイレに特化した計画やマニュアルを策定している自治体もある。例えば東京都

災害トイレに関する計画の策定状況

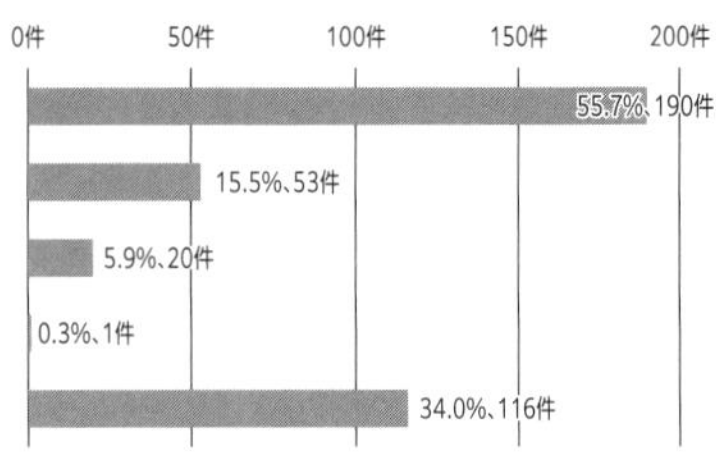

出典：日本トイレ協会「2019年度自治体のトイレ関連行政についての調査報告書」

江戸川区では地域防災計画にもとづいて「災害時トイレ確保・管理計画」を定めており、災害時に時系列でトイレ事情がどう推移するかを想定したシナリオをつくり、それにもとづいて必要な対策を定めている。約42万人が短期的に避難するとし、地域防災計画に定めるトイレの整備目標を75人に1基として災害時のトイレ需要は5589基と推計し、不足する地域を重点的に対応すると計画が立てられている。

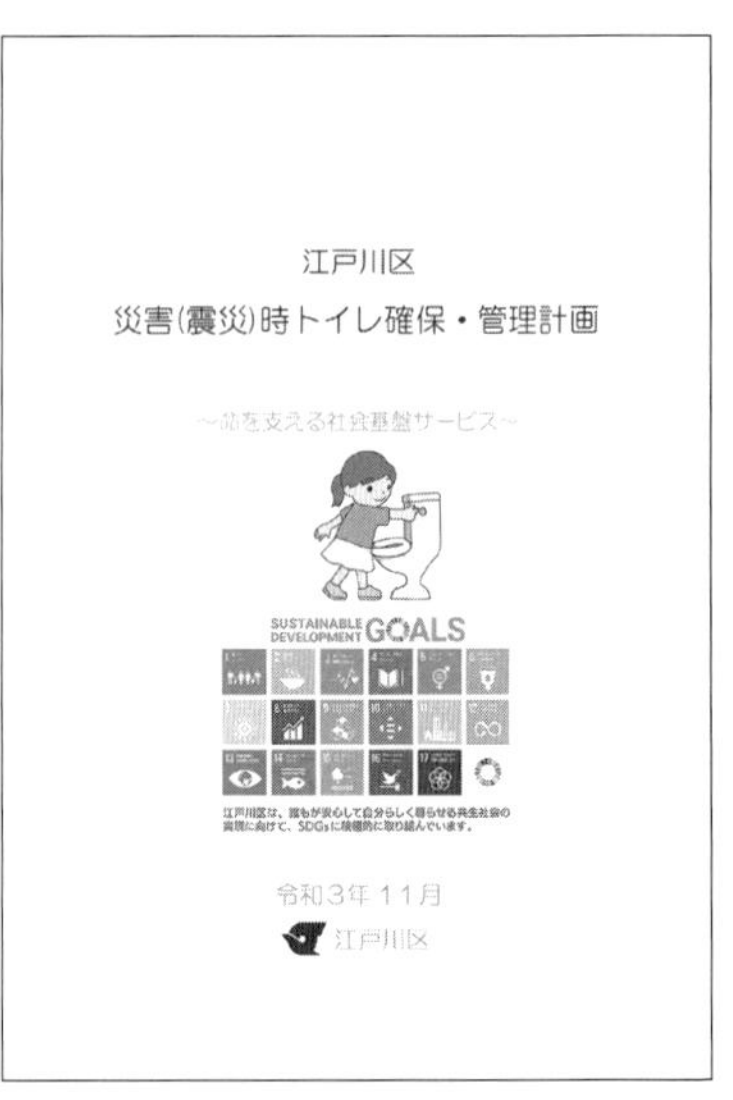

江戸川区災害時トイレ確保・管理計画

②災害廃棄物処理計画

「災害廃棄物処理計画」は、地震や津波で倒壊した建物を含む災害時の廃棄物の発生量や仮置き場の設置、処理の方法などについてあらかじめ方針を定めておくもので、地域防災計画と連動した被害想定にもとづいて災害廃棄物の発生量を推計し、仮置き場や処理施設の設置、処理の方法などについての考え方を定める。都道府県や市町村ごとに策定することが求められている。し尿の汲み取りや処理はこの計画に含まれる。しかし災害廃棄物処理計画の策定は遅れており、特に人口の小さい自治体では策定率が低い。

(2)——避難所のトイレ対策

①指定避難所のトイレ対策は不十分

指定避難所とは、災害時に避難生活を送る施設として自治体に設置が義務づけられており、90%以上学校が指定されて

人口規模別　市区町村の災害廃棄物処理計画策定率

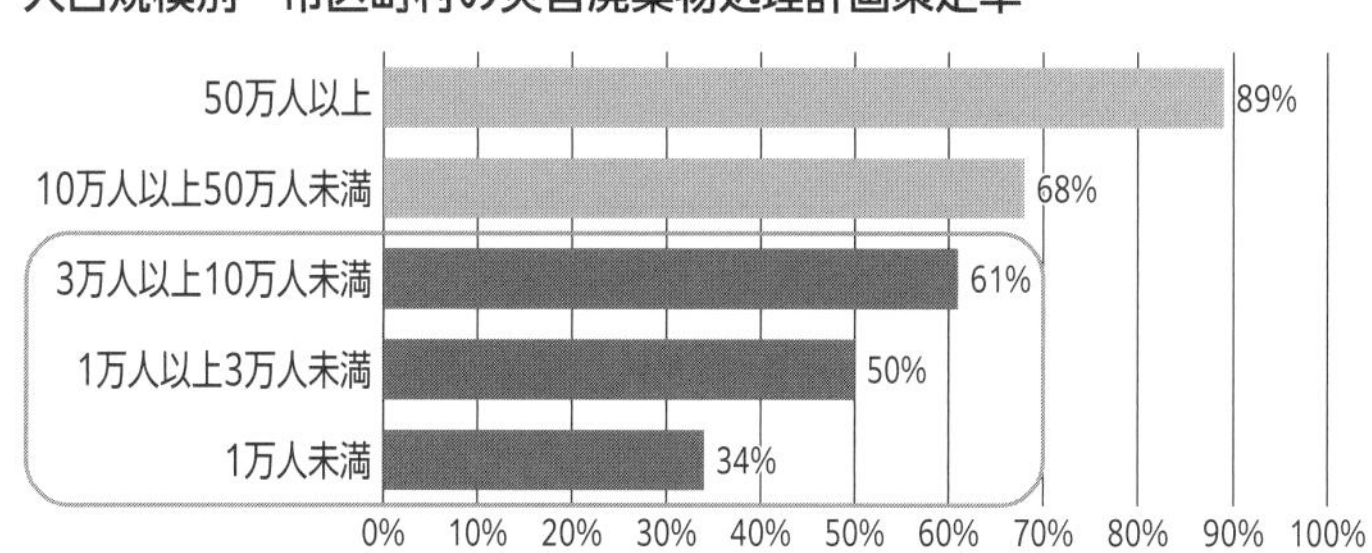

出典：日本トイレ協会「2019年度自治体のトイレ関連行政についての調査報告書」

いる（その他は公民館など）。特に小中学校は地域に広く分散して配置されており、数も多いので、災害時の避難所に適している。そのため学校施設には、建物の耐震や水、トイレの確保等の防災機能の強化が求められる。

２０１９年に文科省は避難所となる公立学校の防災機能に関する調査を公表している。これによると、全国の公立学校（小中高、特別支援学校）３万３２８５校のうち３万３４９校（91・２％）が避難所に指定されており、備蓄倉庫や飲料水確保、非常用発電機等の防災機能の向上が急がれている。

この中で断水時のトイレ対策をしているのは58・３％で、マンホールトイレを整備している学校は14・８％、断水時にプールの水や雨水を洗浄水として使用できるトイレを保有しているのは２・３％、携帯トイレや簡易トイレの備蓄が41・３％となっている。

多機能トイレの設置率は全体で65・２％、学校数の多い小中学校で63・８％となっている。２０２０年の公立学校のトイレ状況調査（文部科学省）によると、全国の小中学校トイレの洋式化率は57％である。各家庭の洋式トイレの普及、バリアフリー化の観点からも学校トイレの洋式化を早急に進める必要がある。

学校の防災機能（断水時のトイレ）

	避難所指定学校数	保有学校数（校）	割合（%）
断水時のトイレ	30,349	17,707	58.3
うち マンホールトイレを保有		4,481	14.8
うち 断水時にプールの水や雨水を洗浄水として使用できるトイレを保有		683	2.3
うち 携帯トイレや簡易トイレ等を確保		12,543	41.3

学校における多機能トイレの設置状況

	要配慮者の利用が想定される学校数（校）	設置学校数（校）	割合（%）
小中学校	19,601	12,502	63.8
高等学校	1,141	945	82.8
特別支援学校	286	264	92.3
合計	21,028	13,711	65.2

出典：文部科学省「避難所となる公立学校施設の防災機能に関する調査の結果について」（2019年4月1日時点）

②マンホールトイレの整備を急げ

マンホールトイレとは、下水道のマンホールや下水道管に接続する排水設備上に便器を設置して使うもので、組み立て式の便座と囲いとなるテントを備蓄しておけば直ちに使えるので、迅速にトイレ機能を確保できる。東日本大震災や熊本地震の避難所で使用されている。

マンホールトイレは、阪神・淡路大震災のときに筆者らが道路上のマンホールの上に仮設のトイレを設置している例をみつけて神戸市に提案、神戸市が避難所となる学校で試行的に導入、その後製品化が行われ、各地の学校や防災公園に広がったものである。

アンケート調査では、防災公園や学校など避難拠点となる場所にマンホールトイレを整備しているところは36％で、整備予定を含めて約44％であった。避難所となるすべての施設に用意されれば、災害トイレの心配は大分少なくなる。ちなみに東京都の地域防災計画によると、都と区市町村あわせて都内に１万２３２１基が用意されている。

③仮設トイレ調達はできるのか

災害用組み立て式トイレの備蓄をしている自治体は約65

マンホールトイレの設置状況

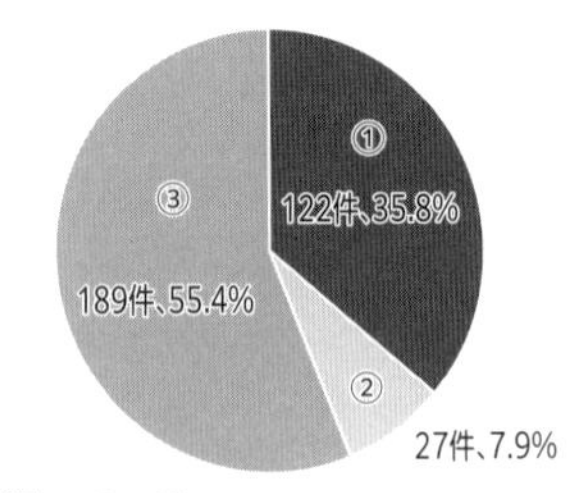

①整備している
②整備する予定である、または計画がある
③整備する予定はない

出典：日本トイレ協会「2019年度自治体のトイレ関連行政についての調査報告書」

マンホールトイレ

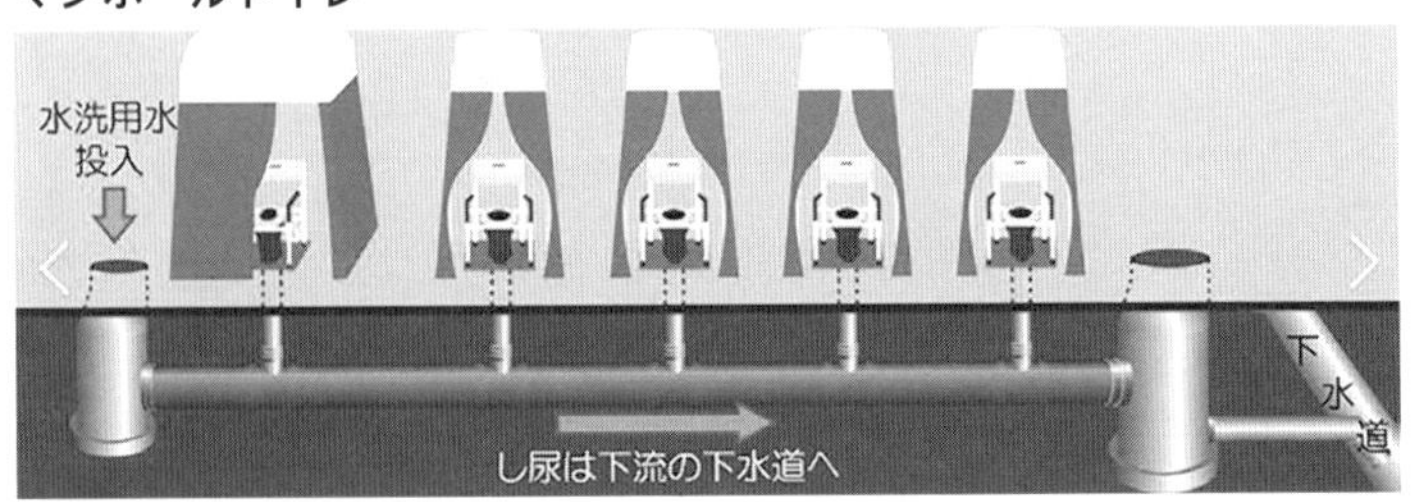

出典：国土交通省下水道部資料

災害トイレの備蓄や調達について

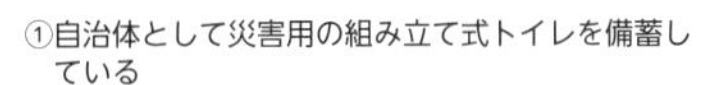
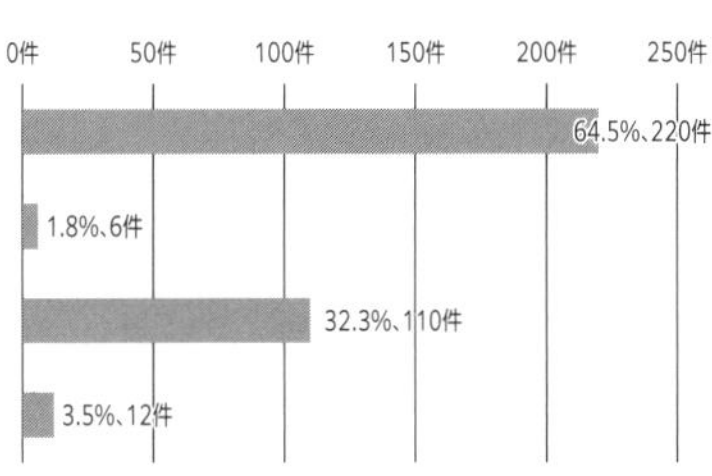

	件数
①自治体として災害用の組み立て式トイレを備蓄している	64.5%、220件
②トレーラートイレや移動式のトイレを保有している	1.8%、6件
③レンタル業者などと仮設トイレの提供についての協定や契約を締結している	32.3%、110件
④他の自治体と仮設トイレやトレーラートイレ等の相互支援協定を結んでいる	3.5%、12件

出典：日本トイレ協会「2019年度自治体のトイレ関連行政についての調査報告書」

%あった。マンホールトイレは、災害用組み立て式トイレとセットで用いられるため、この中にはマンホールトイレも含まれるものと思われる。

いわゆる箱形の仮設トイレは外部から調達する必要があるが、「レンタル業者などと仮設トイレの提供についての協定や契約を締結している」自治体は3分の1程度にすぎない。

地震災害では道路が通行できない事態もあり、迅速に配置できないことも想定しておく必要がある。

また広域的な災害の場合は、被災地のニーズに対して供給が追いつかないことも懸念される。仮設トイレは工事現場などで利用されることが多く、メーカーもレンタル業者も多くを在庫していない。常に回っている状態で、災害時に余剰分を手配するということはなかなか難しい。自治

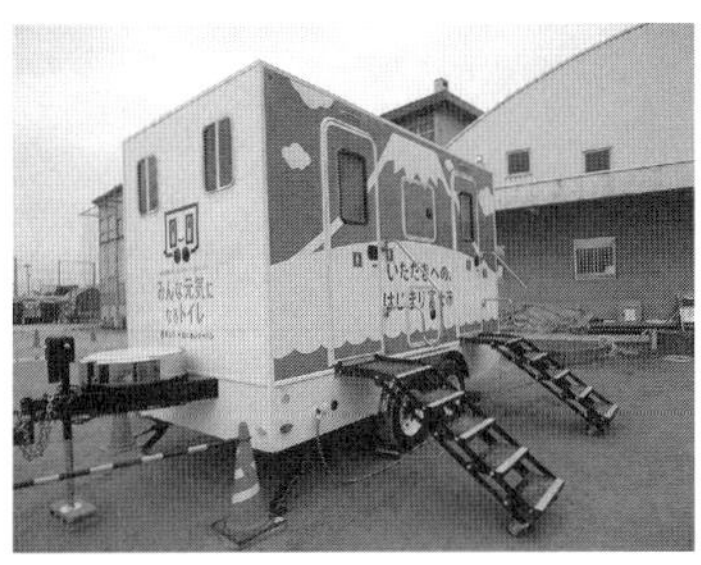

みんな元気になるトイレ

体は仮設トイレの業界の実情もふまえて、対策を考えておくことが必要である。

　また最近はトレーラー式トイレも活躍している。数は少ないが大きなイベント用に開発されたものや、災害用に開発されたトイレもある。一般社団法人助けあいジャパンは、「みんな元気になるトイレ」と名付けたトレーラー式トイレを市町村が保有し、災害時に融通し合う仕組みを進めている（２０２２年３月時点では、静岡県富士市、新潟県見附市、千葉県君津市など14自治体が保有）。

④半数以上の自治体は汲み取り対策がない

　一般の仮設トイレの多くは簡易水洗方式で、少量の水で便器を洗浄して、し尿は便槽に溜（た）める構造になっており、汲み取りとし尿の処理が必要となる。

　アンケート調査では「自治体や事務組合として災害時に対応出来るだけのし尿収集車を保有している」は18団体（５・３％）

仮設トイレのし尿の収集（汲み取り）体制について

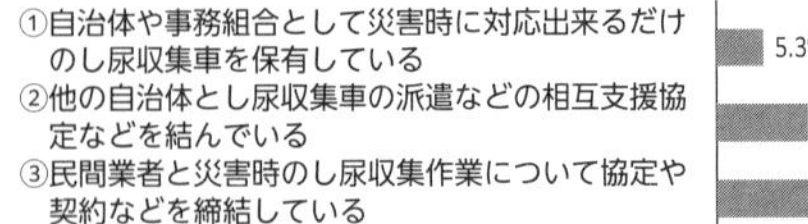

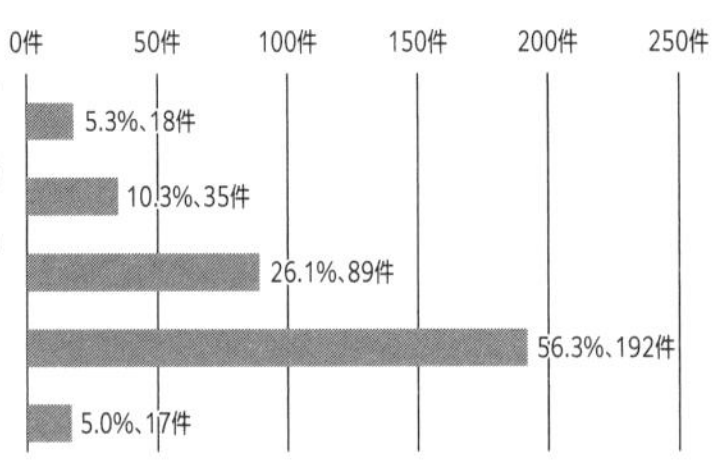

出典：日本トイレ協会「2019年度自治体のトイレ関連行政についての調査報告書」

にすぎず、「他の自治体とし尿収集車の派遣などの相互協定を締結している」自治体は10%、「民間業者と災害時のし尿汲み取り業務の協定や契約を締結している」自治体は26%で、半数以上の自治体は何らの対策もしていないことになる。

⑤携帯トイレの備蓄は進みつつある

自治体で携帯トイレを備蓄しているところは74%に達しており、災害が起きたときの初動対応として携帯トイレは有効な手段となる。自主防災組織の備蓄品としているところが12%ある。

災害が起きても家屋に被害がない場合は自宅にとどまることが推奨されており、そのためにはトイレの「自助」として携帯トイレの備蓄が必要だが、住民啓発や現物を支給するなどの対策を講じている自治体はそれほど多くはない。

⑥要配慮者のためのトイレは重要課題

自治体アンケート調査から、あらためて障害者や高齢者など

携帯トイレの備蓄について

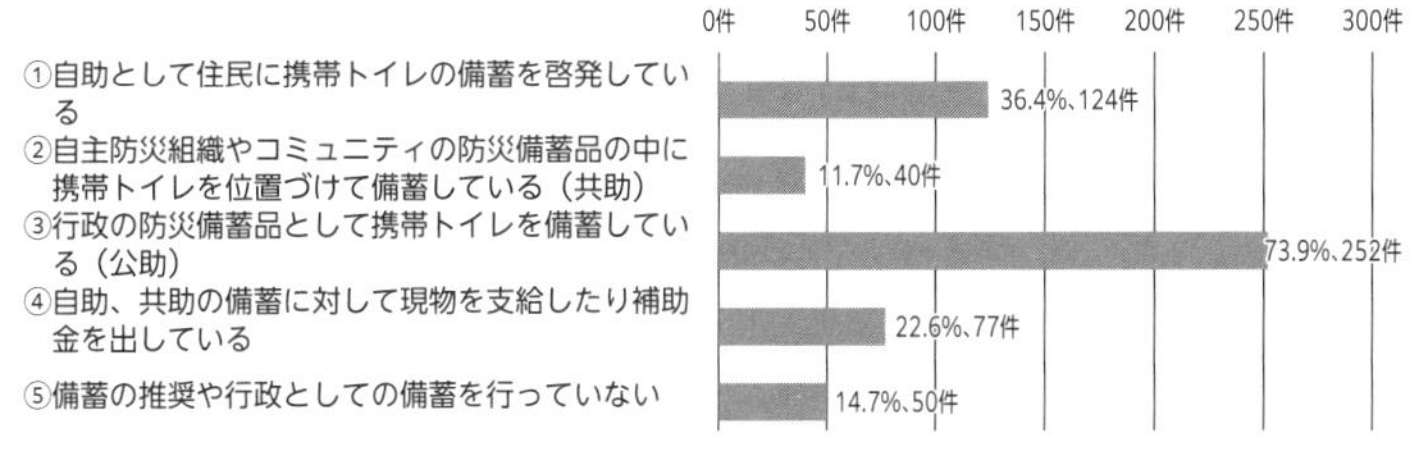

出典：日本トイレ協会「2019年度自治体のトイレ関連行政についての調査報告書」

災害時の高齢者や障害者のトイレ対策について

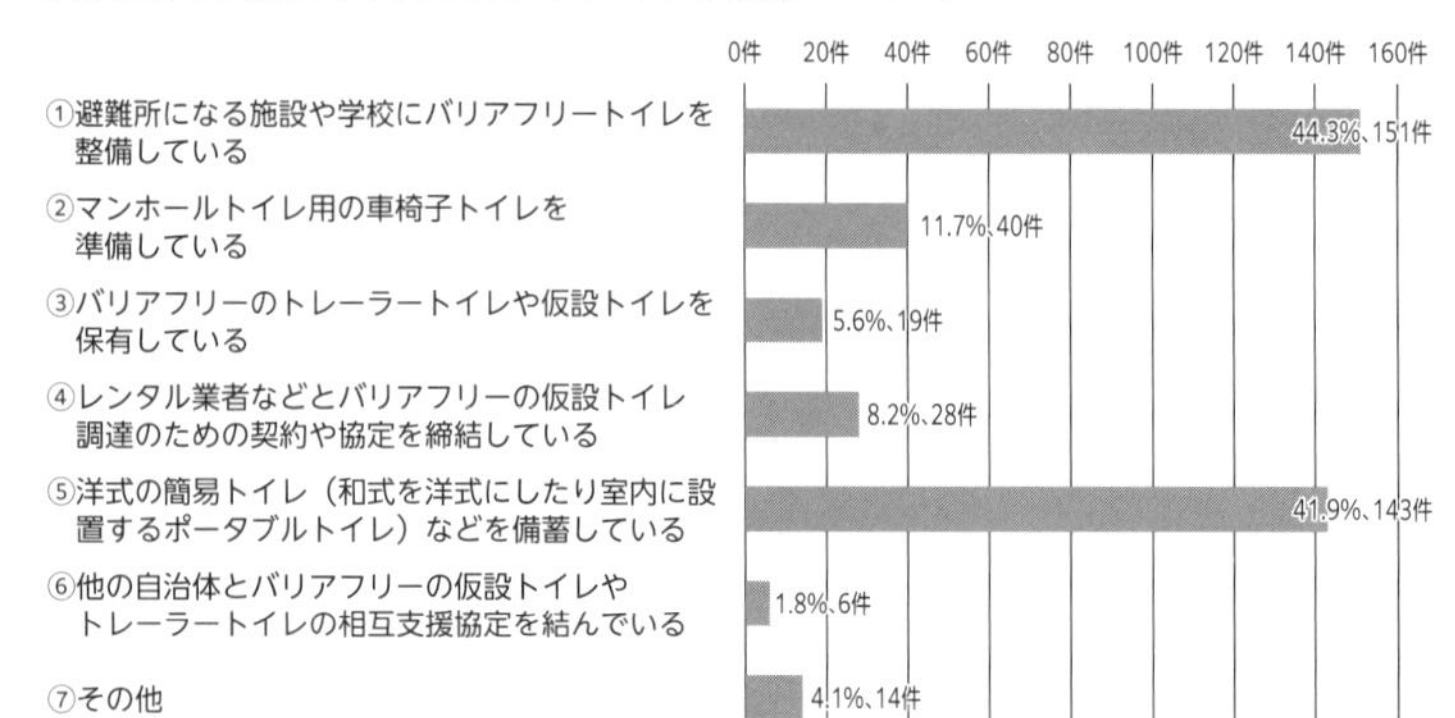

出典：日本トイレ協会「2019年度自治体のトイレ関連行政についての調査報告書」

災害時要配慮者のトイレ対策の現状を見ると、「避難所になる施設や学校にバリアフリートイレを整備している」自治体は44％、「洋式の簡易トイレ（和式を洋式にしたり室内に設置したりするポータブルトイレ）などを備蓄している」が41・9％である。「レンタル業者などとバリアフリーの仮設トイレ調達のための契約や協定を締結している」「バリアフリーのトレーラートイレや仮設トイレを保有している」「他の自治体とバリアフリーの仮設トイレやトレーラートイレの相互支援協定を結んでいる」という回答もあったが、バリアフリートイレ対策の改善の余地は大きい。

なお日常的に介護や介助が必要な人や、一般の避難所で過ごすことに困難を伴う人に対して「福祉避難所」の開設が義務づけられている。２０１９年10月時点で全国の指定避難所は７万８２４３か所あるが、そのうち指定福祉避難所は８６８３か所である。また民間の施設と協定等で確保しているものを含めた福祉避難所は2万２０７８か所ある。特に排泄のケアやトイレ利用に配慮が必要な人の受け皿としては、福祉避難所が重要な役割を期待される。

（山本耕平）

（注１）　日本トイレ協会「２０１９年度自治体のトイレ関連行政についての調査報告書」２０２０年3月

コラム

清掃のプロが教える避難所トイレの清掃、維持管理のポイント

最初は水を流せない

ここではビルメンテナンスの視点から、避難所のトイレ清掃・維持管理のポイントについて紹介する。まず、図の上段は平時のトイレ清掃を示すが「便器の汚物を、洗剤・ブラシなどの資機材と水を用いて移動させている」のがわかる。次に中段は、発災初期の避難所のトイレ清掃を示すが、ここでは「水を使用していない」。なぜか。避難所が機能するのは、規模の大きな地震・浸水などの災害時である。避難所に被害がないように見えても、上水道の使用不可、また排水管の破損・浸水などで漏水・逆流のおそれがあり、上下水道の安全確認が済むまでは水を流さないルールが自治体等で広まっているからである。つまり、「避難所のトイレ清掃は発災初期に水を流せない」ことを想定して行うことが第一のポイントである。

排泄物の保管を考える

同様に、図の中段に示すように災害時はまず「携帯トイレ」を使うことになる。世間では「家庭における携帯トイレの備蓄」が勧められているが、これを避難所に当てはめると地域の小中学校等、一般的に１０００人程度の規模が該当する。維持管理の観点では、備蓄や使用方法も重要だが「汚物が水で流せない」以上、「汚物を衛生的に保管」することが第2のポイントとなる。１０００人規模の避難所想定では、人間は1日に5回程度の排泄(はいせつ)によって携帯トイレ分を含めて１・８kg程度の汚物が生じるとされる。

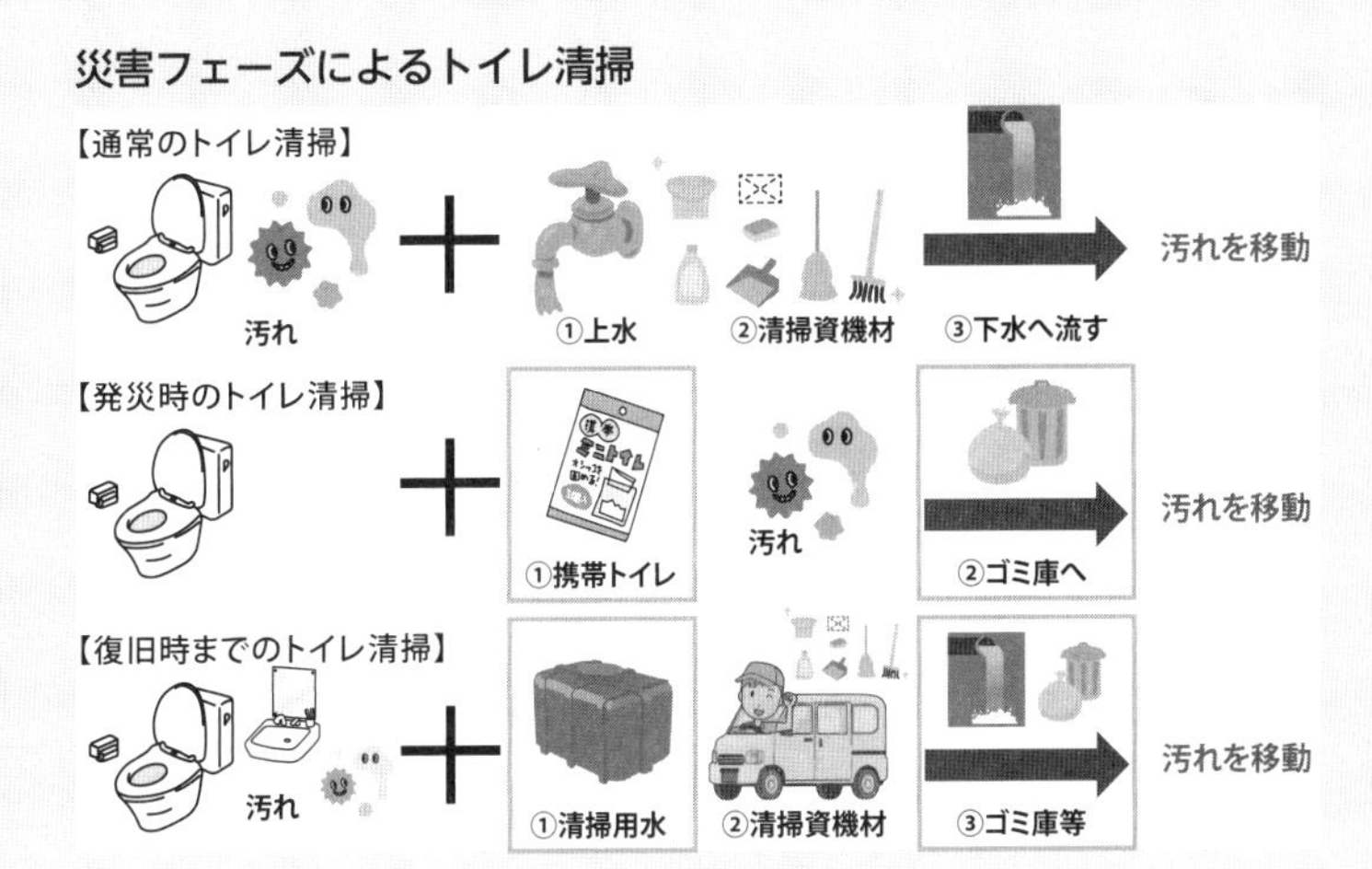

携帯トイレの備蓄推奨7日間を掛け合わせると「保管すべき想定汚物量」は1万2600kgにも達する。これを比重が水と同じと想定して捉えると、小中学校の貯水槽（1㎥=1000kg）2×2×3個分余りとなる。避難所のトイレの維持管理を適切に行うには、備蓄・使用方法だけでなく、実際の避難所の収容人数を把握し、貯水槽などを目安にして、どれほどの汚物保管場所が必要なのか、汚物の衛生的な運搬方法、匂い対策やそのための資機材を具体的にイメージすることが大切である。

避難所敷地内の復旧時間を想定する

公共の上下水道が復旧しさえすれば、通常の「水で汚物を流す」清掃にシフトして、衛生的な清掃を行う条件が整いそうである。しかし「公共」というのは、上下水道共に公共前面道路までが範囲であり、避難所がある私有敷地内の上下水道施設の安全確認や復旧は含まれていない場合が多い。つまり、避難所のトイレの維持管理、「いつから水を使うトイレ清掃ができるのか」を想定するために、第3のポイントは公共だけでなく避難所がある敷地内の施設管理者に、復旧時間を事前に確認しておくことである。

しかし「問い合わせた」からといって、いつも「明確な復旧時間が示される」というわけではない。また逆に「『仮設トイレ』等を何日以内に届けます。」と言われていても、災害時の諸事情により、大幅に遅れる事例も多い。このようなことも考慮して、復旧時間確認に並行して「携帯トイレ」の備蓄数・保管場所を多めに想定し、場合によっては水タンクなどに清掃用水を備えておくことも重要である（前頁の図下段）。

「携帯トイレ」の使い方に慣れておく

今までみてきたように避難所生活と「携帯トイレ」は切っては切れない関係にある。しかし、避難所生活はトイレばかりではない。避難所運営は、外部からの渉外、支援物資の采配、要介護者・病人のケア、食料配布等々に加え、非常時特有の想定外の事象も発生する。それにもかかわらず、人間がトイレを我慢できるのは4時間程度で、そのたびに「携帯トイレ」のお世話になる。避難状況というストレスが多い生活の中、「携帯トイレ」の使い方に慣れていないと、トイレ自体がストレスになり、業務に支障をきたすことなる。第4のポイントは、平時から「携帯トイレ」の使用トレーニングを行い、使い方に慣れておくことである。表に示すのが、家庭内での「1週間携帯トイレトレーニング表」である。このように安全な状況下で、事前

1週間携帯トイレトレーニング表

項目	
集合住宅施設	□ハザードマップで起こりうる災害（浸水等）チェック □災害時のトイレ使用ルール、復旧目標日数などチェック □壊滅、復旧不可能な場合の最寄りの指定避難所チェック □わかる範囲で電気・ガス・水道等インフラチェック
備品	□災害用携帯トイレ等備蓄数確認 □封水量や補充、封水の意味など確認 □便座に設置する大きめのごみ袋、携帯トイレ設置場所確認 □ベランダなどに使用済み携帯トイレ保管用ボックス・消臭剤設置
運用	□家族全員ではなく２人ずつなどで１週間トレーニング □仕事・外出以外携帯トイレ使用 □大小便別携帯トイレ使い分け、余分カット等ごみ量を減らしてみる □自分の排泄量・リズム等把握 □慣れれば、避難所等と違い他人に気を使わない気楽さを実感する
その他	□初回は慣れるため電気ありの状態で行う □慣れたら電気なし（換気なし）で何が必要か体験しながら備える □インフラ復旧後のバケツ洗浄やごみ運搬などを想像してみる

に携帯トイレを使用して、使用時の感覚や匂いや重さ等々を体感して慣れておく。慣れたら今度は停電時を想定して、暗闇時での使用にチャレンジしてみる。全く気にならないわけにはいかないが、避難所に滞在しているような状況は肉体的・精神的にもストレスが多いことを想定して、トイレに関するストレスを減らしておく。それが避難所運営時に衛生維持班としてトイレ清掃に関わる状況になった際に重要なことである。

最後に通常の正しいトイレ清掃を学ぶ

以上、発災初期の避難所のトイレ清掃と維持管理のポイントをみてきたが、やはり「水で汚れを洗い流す清掃」に勝るものはない。インフラ回復が確認できた復旧期に備えて、「復旧期の正しいトイレ清掃」の方法も事前に学んでおくべきである。衛生維持のプロフェッショナルである全国ビルメンテナンス協会発行『非常時にも衛生的な環境を保つための避難所衛生マニュアル』（https://www.j-bma.or.jp/taisaku/）を参照いただければ幸いである。

（三橋源一）

『非常時にも衛生的な環境を保つための避難所衛生マニュアル』

コラム

国土交通省の災害用トイレ車

国土交通省水管理・国土保全局下水道部では、災害時に被災した地域住民のトイレ問題の解決に「マンホールトイレ」を推進している（115頁参照）。

実際に災害が発生した時には、各地域の整備局にて最前線に向かい、情報の収集と適切な対応を行えるように、緊急出動する。その際に使われる車両搭載型事務所の一角にもトイレを設置して、最前線で活躍する職員のトイレ問題を解決しようとしている。

その考え方の延長線上で、北陸地方整備局北陸技術事務所にて開発した災害用トイレは、地域住民にも快適なトイレを提供することも目指した。

コンセプトは「いつでも」「どこでも」「だれでも」「安心を運ぶ」で、車両に搭載されたトイレが被災地に到着すると、自分で足を伸ばして独立して車両から分離され、足を縮めると、地面の高さとなり、スロープを取り付けられ、車いす利用者でも容易にトイレ内に入ることが出来る優れものである。

構造は新しい新幹線のトイレと同じ、

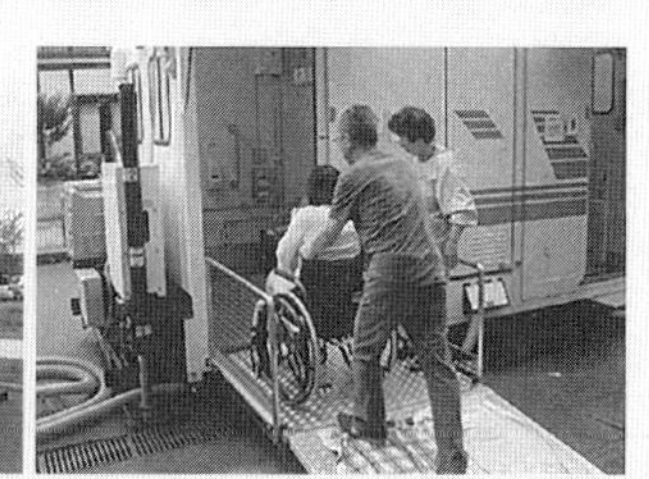

日本トイレ協会経由で北陸地方整備局事務所へ販売した災害用トイレ

超節水の水洗式トイレで、被災地でも快適なトイレ環境となっている。

これは、日本トイレ協会と国土交通省、株式会社レンタルのニッケンのコラボ商品で、新潟県中越沖地震の際には大活躍した。

（寅　太郎）

3　みんなの災害トイレ計画

(1)——災害トイレ計画の意義

①災害時の人権を守るための計画

　災害トイレ計画は災害時のトイレ不足を解消するための計画だが、その意義は単に仮設トイレの調達や汲み取り作業の手配などにとどまらない重要な意義をもっている。

　ＳＤＧｓのひとつに「安全な水とトイレを世界中に」（目標６）がある。世界中では安全で衛生的なトイレを使えない人々が大勢おり、世界保健機構（ＷＨＯ）などによると20億人が基本的なトイレを使えず、２０１９年時点で６億７３００万人が屋外排泄を余儀なくされているという。

　トイレは人間の尊厳に関わるテーマで、誰もが、どこでも、いつでもトイレにアクセスできることは、生存権、人権の基本だ。人権はいついかなるときでも守られなければならない。

　国際的な人道支援のガイドラインとして策定されたスフィア基準（80頁参照）では、「し尿管理」の項を設けて細かな記述がある。基本的な理念として「すべての人びとが適切で、安全、清潔かつ信頼性のあるトイレへのアクセスを有するべき」とあり、紛争や災害などで避難生活を余儀なくされる人たちが「十分な数の、適切かつ受け入れられるトイレを安心で安全にいつでもすぐに使用することができる」と記述している。

ここでいう「適性、適切かつ受け入れられるトイレ」は、次のような要因を満たしている必要がある。

適性、適切かつ受け入れられるトイレ

- 子ども、高齢者、妊婦や障害者を含むすべての人びとが安全に利用できる。
- 利用者、特に女性や少女とその他特別に保護を必要とする人びとに対し、安全上の脅威が最小化されるように設置されている。
- 住居から50メートル以内に設置されている。
- 利用者の求めているプライバシー管理が提供されている。
- 使用や清潔を維持することが容易である（一般的に清潔なトイレの方が使用頻度が高い）。
- 環境に負荷がかかっていない。
- さまざまな利用者向けに適切なスペースが設置されている。

- 中から鍵がかけられる。
- 手洗い用、肛門（こうもん）洗浄用と水洗用の水がたやすく供給される。
- 尊厳をもって女性用の生理用品、子ども用や成人用の失禁用品を洗濯、乾燥または処理することができる。
- ハエや蚊の繁殖が最小限に抑えられている。
- 臭いが最小限に抑えられている。

ちなみに日本の避難所は、スフィア基準を持ち出すまでもなくスペースや居住環境、快適性には問題がある。性犯罪や窃盗など、安全面でも問題はある。災害時だからといって、避難する人の安全が脅かされることがあってよいはずはない。「健康で文化的な最低限度の生活」（憲法25条）は、避難生活のなかであっても守られなければならない。要するに、災害時のトイレ対策は災害時の人権、人道問題としてとらえ、事前の計画を怠らないようにすべきだということである。その意味ではトイレ対策は災害対策の中のプライオリティをもっと高くすべきである。

②当事者の参加でつくる災害トイレ計画

スフィア基準では、子どもや高齢者、妊婦、障害者を含むすべての人びとが安全に利用できることが強調されている。この基準からみれば、災害トイレ計画にも障害者や移動に不自由をきたす人、人工肛門や人工膀胱（ぼうこう）などのストーマで生活する人、その他排泄に関する疾患、性的多様性などへの配慮が重要なテーマである。

また支援の現場では「共用あるいは共同トイレの場所、設計や設置は利害関係者の代表者に意見を求める」と書かれている。この点についても、災害トイレ計画は行政の対策を行政だけでつくる計画ではなく、関係当事者の意見を反映した計画の策定に取り組むべきだ。

計画策定の実務として重要なことは、災害時の体験から教訓や課題を引き出すことである。第1章で障害当事者が体験した話が書かれているが、ここで述べられているような問題についてどう対応すべきかを検討することが必要だ。その過程で「行政が何をするか」だけでなく、当事者としての備えや支援のあり方も出てくるはずだ。その答えを盛り込んで計画ができる。災害トイレ計画はみんなでつくり、みんなで共有する計画であるべきだ。

(2)――災害トイレの自助・共助の計画

①トイレの自助の計画

災害が起きるとすぐ避難所に駆け込むという従来の対策から、最近は可能な限り自宅で生活する「在宅避難」(居住継続)が推奨されている。しかし自治体の災害トイレ計画は主に避難所のトイレ確保を中心としており、在宅避難のためのトイレ対策は携帯トイレの備蓄など自助が基本となっている。

特に高層マンションでは、トイレの備蓄は食料以上に重要だ。マンションでは給排水管の一部でも被害を受けると、上下階のトイレも使えなくなる。通水したあとも、被害の有無を確認した上でないと、水洗トイレは使えないので、戸建て住宅よりトイレが使えない期間が長くなる可能性もある。

阪神・淡路大震災を契機として、災害時の備蓄用トイレとして様々な商品が開発され(携帯トイレ=便袋、凝固剤、組み立て式の簡易トイレなど)、「トイレの自助」が容易になった。自治体は市民に対して水や食料と同様に、家族人数に応じて携帯トイレ等の備蓄を計画に位置づけて推奨すべきである。

〈携帯トイレの備蓄〉

排泄の回数は人によってちがうが、１日５回使用するとして一人の３日分が15袋、１週間分では35袋になる。４人家族では60〜１４０袋になる。

〈トイレットペーパーの備蓄〉

日本トイレ協会が調べたところ、男女ともに、１回のトイレ（大便）で使うトイレットペーパーの長さは３ｍを超え、女性の小便では約１・５ｍだった。また日本家庭紙工業会によると１週間の使用量は一人１ロール程度だという（注１）。

ただし自助には限界があり、汚物をいつまでも自宅に保管しておくわけにはいかない。使用済みの携帯トイレは、いつどのように収集するのか等について、行政の計画の中に位置づけておく必要がある（トイレの自助については第４章参照）。

②自主防災組織などコミュニティによる共助の計画

自助で対応できない部分は、コミュニティによる共助が頼りだ。外部から仮設トイレが届くまでは時間がかかる。仮設トイレはすぐには届かない（第3章）。したがってトイレについても、行政による「公助」の前に、共助についても考えておきたい。

共助の要となるのが、コミュニティ単位で組織されている自主防災組織である。災害対策基本法で位置づけられている任意の組織だが、全国で約17万の団体があり、世帯カバー率は84・3％となっている（令和2年版消防白書）。自主防災組織は、災害が起きたときは避難所運営や支援物資の配布など被災者の支援活動を行い、平常時は防災訓練や防災学習などの活動を行っている。

自治体ではコミュニティごとに防災備蓄倉庫を設置し、自主防災組織が管理しているが、防災備蓄品には携帯トイレや簡易トイレ、簡易トイレを覆うテント、組み立て式のトイレなどを加えておくことが必要である。またこれらのトイレの設置や組み立てが迅速にできるように、防災訓練に取り入れておくことも必要である。

またマンションでは管理組合が中心となって、組み立て式トイレの備蓄やマンホールトイレの設置（既設のマンホールを活用してマンホールトイレを備えているところもある）などを進める必要がある。

③民間施設との連携

日常的に快適なトイレ環境づくりのためには、公共トイレなど自治体が管理するトイレと、オフィスビルや商業施設、駅などのさまざまなトイレが機能を補完し合って、地域全体でトイレのアクセス環境を向上させていくことが大事だ。たとえばバリアフリーの多機能トイレをすべての施設で整備することは難しいが、一定のエリア内で適切に配置することでユニバーサルなまちづくりに近づく。

また災害時にはコンビニが重要な機能を果たすことが期待されている。最近ではトイレの提供を来店者への基本的なサービスとするコンビニが増えており、繁華街など安全が確保できない場合を除いて終日トイレがつかえる店が多い。

都市部では帰宅困難者対策として、自治体とコンビニが帰宅困難者支援協定を結んでいるところも多く、社会的なインフラとして、災害時にも重要な役割が期待されている。トイレに関しては自主的にバリアフリー対応としているところもある。店舗の規模によっては携帯トイレを備蓄してもらい、防災用品として簡単に買えるようにしておくとか、行政が駐車場などにマンホールトイレを設置させてもらうなどの方策も考えられる。

平常時から民間との協力体制をつくっておくことで、自治体だけではカバーしきれないトイレの数や質の確保の一助になる。

(3)──行政計画に必要なこと

①避難所の種類に応じた対策

災害時の避難場所には、避難場所（大規模な公園やオープンスペース）、一次避難場所（学校のグランドや団地の広場など）、避難所（学校や公民館など）、高齢者や障害者など災害時要配慮者のための福祉避難所（福祉施設や養護学校など）がある（これらの避難所の名前は自治体によって違う。たとえば大規模な公園などを広域避難所、学校などの避難所を地域防災拠点などと呼んでいる自治体もある）。

自治体が災害トイレを考える際に特に見落とされているのが、津波や火災などから一時的に避難する「広域避難場所」のトイレ対策である。屋外のオープンスペースが指定され、東京都の地域防災計画では荒川や江戸川河川敷で15万人くらいの避難者を見込んでいるが、一時的な避難を想定しているとはいえ、トイレ対策が十分ではないことは自明である。避難所のトイレ対策が中心になっている災害トイレ計画とは別に、対応策を考えておく必要がある。

②トイレの必要数の算定

前述のように「避難所におけるトイレの確保・管理ガイドライン」（以下、ガイドラインとい

避難所の種類

名称	概要	例	トイレ
避難場所（広域避難場所）	大震災時に周辺地区からの避難者を収容し、地震後発生する市街地火災や津波から避難者の生命を保護するために必要な面積を有する公園、緑地等をいう。	東京都の場合、平成30年6月現在で213か所、おおむね10ヘクタール（東京ドーム2個分）以上ある大学や大規模公園等を指定。荒川や江戸川河川敷では15万人くらいの避難者を想定。	**絶対的に不足する、事前の計画はほとんどされていない。**
一時避難場所（一時集合場所）	広域避難地へ避難する前の中継地点で、避難者が一時的に集合して様子を見る場所又は集団を形成する場所とし、集合した人々の安全がある程度確保されるスペースをもつ公園、緑地、学校のグラウンド、団地の広場等をいう。		一時集合場所なのでトイレはあまり必要ない。
避難所（地域防災拠点）	地震等の災害による家屋の倒壊、焼失など現に被害を受けた者又は現に被害を受けるおそれのある者を一時的に学校、公民館など既存建築物等に収容し保護するところをいう。2016年に内閣府から**「避難所におけるトイレの確保・管理ガイドライン」**が出された。	東京都の場合、令和2年4月1日現在、避難所約3,200か所（協定施設等を含む。）、福祉避難所約1,500か所、避難所の収容数は約320万人。	事前のトイレ計画が必要。
福祉避難所	高齢者、障害者、妊婦、乳幼児、病者等、一般的な避難所では生活に支障を来たす人たちのために、何らかの特別な配慮がされた避難所。1996年の災害救助法で位置づけ。2008年に厚労省から「福祉避難所についての設置・運営ガイドライン」が出された。		
指定緊急避難場所	災害による危険が切迫した状況において、生命の安全を確保することを目的とした緊急に避難する際の避難先。地震、高潮、津波、洪水、土砂災害などの種類ごとに指定。	災害の種類ごとに、学校や高台の公園など様々な場所が指定される。	事前のトイレ計画が必要。
特定緊急避難所	災害の危険性がなくなった後に、自宅が被災したり、帰宅できなくなった人が一時的に滞在することを目的とした施設。	避難所、福祉避難所とほぼ同義。	事前のトイレ計画が必要。

出典：筆者作成

トイレの必要数の算定例

項目	実績および計画	備考
1. 想定避難者数	50,000人	地域防災計画による
2. トイレ確保の目標	50人に1基	
3. トイレの需要数	1,000基	
4. 災害時直ちに利用できるトイレ	実績700基（35,000人分）	マンホールトイレ
5. 不足数	300基（15,000人分）	
6. 仮設トイレ調達数	100基（10,000人分）	3日以内の調達目標
	200基	1週間以内の調達目標
7. 携帯トイレ、簡易トイレ備蓄数	15万枚以上	一人1日5枚使用するとして1万人3日分

出典：筆者作成

う）では、初動期では「避難者約50人に対して1基」、避難が長期化する場合は「約20人に1基」というトイレの必要数の目安を示している。ただしこれは外部から調達する仮設トイレの数という意味ではない。既存のトイレも含めて、避難者の数に対応して準備しておくべき目安だ。

災害時のトイレ確保計画は、次のような手順で考える。

まず地域防災計画で想定している災害時の避難者数を前提とする。災害時のトイレ確保の目標を決める。たとえば発災から1週間以内、2週間以内などの計画期間を設定して、1週間以内は避難者70人に1基、2週間以内は50人に1基などである。これによってトイレの需要（目標数）を算出する。マンホールトイレなど災害時にただちに使用できるトイレが不足する場合は外部から仮設トイレを調達することし、その間の対策として簡易トイレや携帯トイレで対応する。

こうした数量の計画に加えて、バリアフリートイレの確保については地域内に設置されている場所や数を調べて災害時に使えるかどうかを把握し、不足する分の仮設トイレの調達数や方法を定めておく必要がある。限られたトイレを効率的に使うためには、設置場所等の情報を的確に伝達するなど、運用の仕組みも検討しておくことが必要である。

③ボランティアのトイレ対策

災害時には被災地外から大勢のボランティアが復旧、復興の支援に駆けつける。地震や水害にたびたび見舞われてきたので、災害ボランティア活動は住民にとっても大きな支えである。災害が起きるとボランティアセンターが開設されるなど、ボランティアを受け入れる仕組みも整ってきたが、活動現場でのトイレ対策は不十分だ。

避難所は被災者の生活の場所なので、ボランティアが避難所のトイレを使うことは難しい場合が多い。被災地で汗を流すボランティアに対しても、できるだけ快適なトイレにアクセスできるような配慮が必要だろう。災害トイレ計画にはボランティア用のトイレ対策についても盛り込んでおく必要がある。

第１章のコラムにもあったように、災害時のボランティアは災害復旧において大きな戦力である。またボランティア活動は広く社会に定着している。ボランティアのトイレも、経験者が参加して計画に入れるべきだ。災害が起きたときに外部からの支援を受け入れるために、ボランティアのトイレ確保は重要な問題である。

④仮設トイレ

仮設トイレの手配

仮設トイレについては、次章で詳しく述べているが、少なくとも行政は仮設トイレについて必要な知識を持っておく必要がある。避難所が開設され仮設トイレが必要な状況になると、レンタル会社に発注して届けてもらうことになるが、迅速な手配が求められる。

災害が起きてからレンタル会社の電話番号をさがすようなことではなく、仮設トイレの手配の手順確認や訓練などを行っておくことが望ましい。

仮設トイレは和式が多く、使いにくいという現状はあるが、国の主導で洋式で快適な仮設トイレも普及しつつある。またバリアフリーの仮設トイレもある。ただし、こうしたトイレは数が限られているので、広域的な災害では発注が集中して希望するものが調達できないことも考えられる。そうした対策のために、レンタル会社等との協定の締結など、協力体制を構築しておくことが望ましい。

　また仮設トイレの設置場所はあらかじめ計画しておくことが必要である。避難所の設置場所をレンタル会社と共有しておくと、必要な台数を発注するだけで迅速に設置することができる。

■仮設トイレに関する情報発信

　災害トイレ計画には、トイレに関する情報も災害情報として積極的に発信していく仕組みをつくっておくべきだ。仮設トイレは一気に必要数を設置することは難しいので、設置場所のマップやリストの情報を発信することが必要だ。特に数が少ないバリアフリートイレなどについては、配慮が必要な人が優先的に利用できるような工夫とともに、情報提供することが望まれる。

　また過去の例では、仮設トイレは自治体が設置したものだけではなく、民間の事業者が独自に設置したものもあった。また民間のビルや施設でトイレを開放しているところもあり、こうした情報を一元的に収集して行政内部で共有するとともに、住民に発信するような仕組みについても計画の中に入れる必要がある。

仮設トイレの設置数と汲み取り頻度

1基あたり人数	計算式	満杯になる日数	備考
100人に1基	100人×1.4ℓ＝140ℓ	2.5～3.2日	汚れる
75人に1基	75人×1.4ℓ＝105ℓ	3.3～4.3日	なんとか持ちこたえる
50人に1基	50人×1.4ℓ＝70ℓ	4.5～6.4日	このくらいは欲しい
25人に1基	25人×1.4ℓ＝35ℓ	10～12.9日	問題ない
20人に1基	20人×1.4ℓ＝28ℓ	2.5～16.1日	望ましい

仮定：タンク容量350～450ℓ、一人1日の排泄量（小便1.2ℓ～1.5ℓ、大便0.1ℓ）
出典：高橋志保彦、山本耕平「災害時のトイレ問題」『環境技術』Vol.44 No.5, 2015

⑤汲み取りとし尿処理

汲み取り作業

災害時に仮設トイレが配備されたとしても、その後の処理をどうするかは大きな課題だ。仮設トイレのほとんどは汲み取り式なので、汲み取り作業とし尿の処理について計画しておかなければならない。し尿は法律上（廃棄物の処理および清掃に関する法律）は一般廃棄物として市町村に処理責任があり、かつては自治体が直営でバキューム車を保有していた。しかし現在では水洗化人口の割合は95％を超えており（浄化槽人口約18％、公共下水道人口77％[注2]）、汲み取りトイレを使っている非水洗化人口の割合は5％に満たない。そのためにバキューム車そのものが少なくなっており、その確保は大きな問題である。

阪神・淡路大震災では、汲み取り業者が組織をあげて神戸に駆けつけたという例を述べたが、汲み取り業者自体が少なくなっているため、大規模災害時には広域的な協力体制も難しいと予想される。あらかじめ業務量を予測し、業者との協定締結などを考えておくべきだが、アンケート調査では半数以上の自治体が協定などの締結はしていないと回答している。

なお、前頁の表は仮設トイレの1基あたりの人数から満杯になる日数を計算したものである。タンク容量を350～450ℓ、一人1日の排泄量を1・4ℓ（小便1・2～1・5ℓ、大便0・1ℓ）として推計している。50人に1基とすると6日前後で一回の汲み取りが必要となる。仮設トイレの設置数は、このような観点からも計画しておく必要がある。

し尿の処理

し尿の単独処理施設は年々減少しており、下水処理施設での処理が増えている。し尿を下水処理施設で処理するためには、下水道法などによる基準にしたがって希釈

災害時のし尿・生活排水の基本的な処理フロー

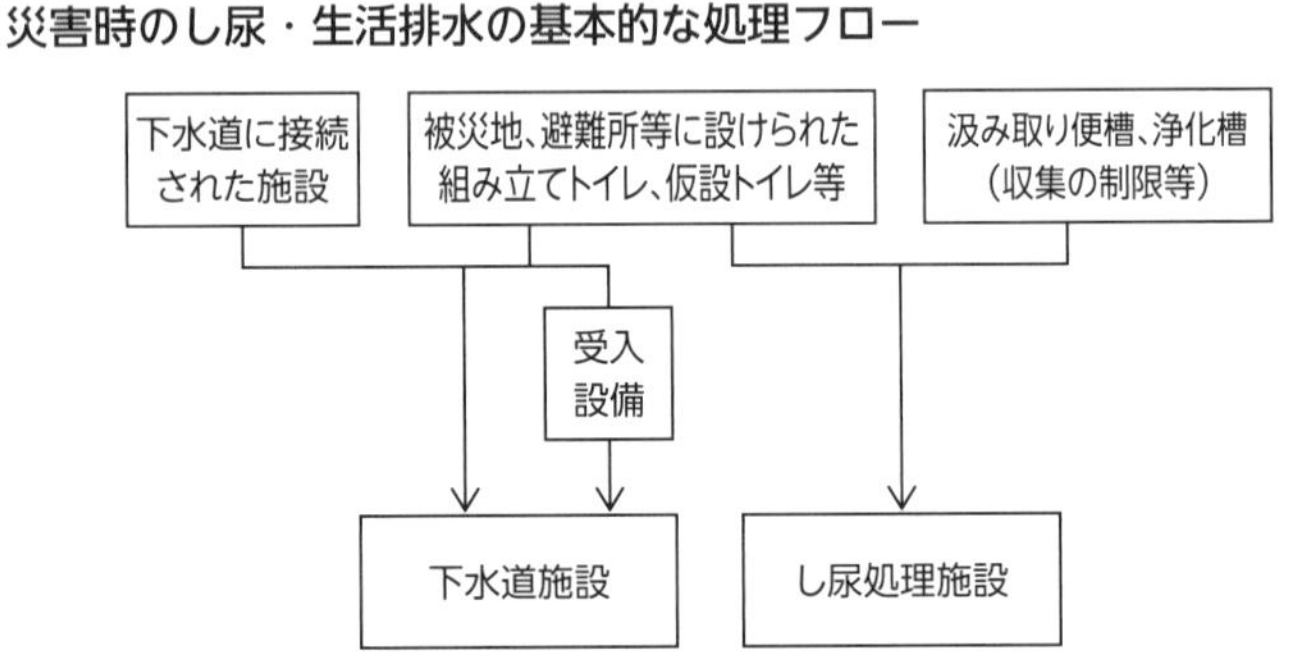

出典：「川口市災害廃棄物処理計画」（川口市、2008年3月）を参考に作成

などの前処理（し尿等投入施設）が必要となる。

環境省の災害廃棄物対策指針によると、被災により下水処理施設やし尿処理施設への移送が困難な場合には、状況に応じて適正に保管、消毒、仮設沈殿池による一次処理、被災地外への広域移送を検討する、としているが、具体的な移送先との連携や調整の方法などをあらかじめ計画に盛り込んでおく必要がある。

⑥組織と司令塔――トイレの専門部署を置こう

国のガイドラインで、災害トイレ対策は行政の部局横断的な対策が重要で、平時から災害時に発生する事態を想定した計画的な対策が必要であると述べている。災害時にトイレ対策が後手に回ってしまう原因のひとつは、トイレに関する司令塔が決まっていなかったことだ。筆者はその対策として、平常時から自治体にトイレ担当の専門部署の設置を提案したい。

公共施設や公共トイレは、その施設を所管する部署が管理している。縦割りなのでまちのトイレ全体を見渡して…というような視点は乏しい。いわば「トイレ行政」というような分野は確立されていないし、トイレについて専門的な知識や経験がある職員もほとんどいない。そのため災害時にはきめ細かな対応ができず、混乱を招いたりする。平常時からトイレを総合的に所管する専門部署を設置し、災害時にはトイレ対策の司令塔になるという案はどうだろうか。

トイレの専門部署は、日常的に公共施設や公共トイレの整備や維持管理を担当し、バリアフリー、ユニバーサルなまちづくりという視点から、快適なトイレ環境づくりを担当する。災害トイレ計画を所管し、マンホールトイレの整備、既存施設のトイレの改善、民間事業者とのトイレに関する協力関係づくり、トイレの防災訓練など、やるべきことは山のようにある。専門部署の設置は、どんな計画よりもいざというときの実行力は高い。

（山本耕平）

（注１）日本トイレ協会のホームページ https://j-toilet.com/2020/03/05/paper

（注２）一般廃棄物の排出及び処理状況等（令和２年度）について（環境省）

コラム

ビルメンテナンス業界と自治体の協働

避難所の衛生維持と災害協定

国土強靭化基本計画に基づき、避難所の整備がすすめられてきたが、熊本地震、全国的な豪雨・台風等による被災現場の知見を反映させ、2018（平成30）年末、同計画の見直しが図られた。追加された推進方針の筆頭に挙げられたのが「被災者等の健康・避難所生活環境の確保」である。つまり、国から各自治体に対して「避難所の衛生管理の徹底」が要求されたのである。折しも、衛生維持を業務とする全国ビルメンテナンス協会は同年7月に「非常時にも衛生的な環境を保つための避難所衛生マニュアル」を発刊。翌2019（令和元）年5月、「災害時応援協定策定マニュアル」を公開している。

2018年6月、大阪府北部地震の被害にあった大阪ビルメンテナンス協会は、自治体から避難所の衛生維持を要請された経験を踏まえ、2019年11月に大阪府との災害協定を締結している。被災時、避難所運営へのボランティア活動が活発化している背景では、衛生維持知識の不足から、食中毒等の事例が発生しており、衛生維持のプロフェッショナルであるビルメンテナンス業界と各自治体との災害協定の必要性は今後も高まると考えられる。

ビルメンテナンスの活動領域

次頁の図は大阪協会が具体的に衛生維持を行うための概観図である。「避難所の運営は被災者が主体的に行い、衛生維持の手の届かない範囲をビルメンがプロとしてサポートする」という前提に基づき、①平時の衛生教育、②有事の衛生維持協力、が骨子となっている。別コラムでも指摘したが、発災直後の衛生維持の課題は、①トイレは待ったなし（携帯トイレの使用）、②早期の清掃用水の確保、の2点である。いくらビルメンがプロでも、水が不足した状況での、汚れ切ったトイレの清掃は困難である。そのため一方では「携帯トイレ」の備蓄・使用・保管について事前に具体的に教育しつつ、水を節約した清掃を指導しておく。他方で、大阪府北部地震の経験を踏まえ、各協会企業の最寄り（徒歩圏内）の避難所を割り振り、事前教育時に、清掃箇所・トイレ数、必要な清掃用水量（水道インフラ復旧を待たずに使用）、保管場所などを協議して用意しておく。そして避難所運営が確立した時期に衛生維持活動に赴くのである。なぜならコロナ感染を考慮し、無闇に避難所に入る

「衛生維持」災害協定の概観図

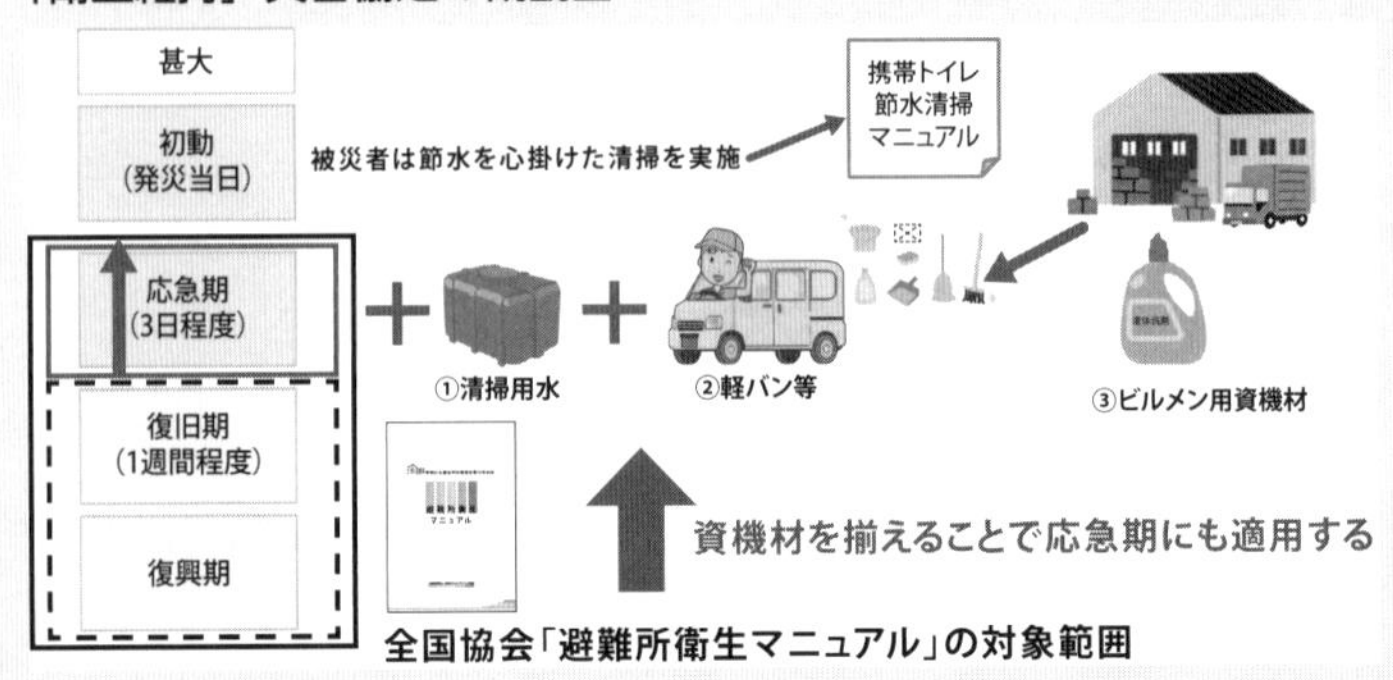

わけにはいかず、避難所運営が機能し、事前打ち合わせをした清掃箇所・担当者との連携確認ができて、濃厚接触が減った状況になってからはじめて清掃することが求められているからである。大阪協会では今後、独自のマニュアルを発行し、具体的な訓練に向けての対応を模索中である。

（三橋源一）

第3章

仮設トイレのことを知る

1　仮設トイレは平常時でも活躍している

(1)　仮設トイレとはどんなトイレ？

①仮設トイレの歴史

仮設トイレとはどんなトイレを指すのか。ここでは主に「屋外で使用される簡易的に設置されるトイレ」を言う。読者の皆さんは、「仮設トイレ」を使用したことはあるだろうか。また、「仮設トイレ」と聞いてどんな言葉を想像するだろうか。

多くの人にとって、仮設トイレを使用する機会は花火大会や野外でのイベントの際と考えられる。また、それにまつわる言葉は「臭い」「汚い」「狭い」「暗い」「使いにくい」等、ネガティブなものがほとんどなのではないだろうか。

実はここ数年、仮設トイレは大きな進化を遂げている。ここではその開発の歴史から、進化した現在の状況までを紹介していく。

仮設トイレの歴史は戦後すぐの高度成長期に遡る。建設ラッシュに沸く東京で、江東区の日野興業株式会社が、馴染(なじ)みの建設会社から「現場やヤード（建設資材等を保管しておく場所）で職人が使うトイレが足りずに困っている」という相談を受け、便器を鉄板製の簡易的な建物で囲ったのが仮設トイレの始まりとされている。

それまでは地面に穴を掘り、むしろや板で囲った原始的なトイレを使用するしかなかった建設現場に建物としてのトイレが設置されたことで、労働者がより集中して仕事に打ち込めるようになった。まさに現在で言う労働環境改善が成され、生産性が向上したのである。

しかし鉄板製のトイレには腐食しやすい、錆(さび)が出やすい、耐衝撃性が低い等の理由で耐用年数が短いという欠点があった。その後、より複雑な形状の製作と量産が可能なＦＲＰ製（繊維強化プラスチックの略。浴槽、ボート等に使用される）のトイレが商品化された。ＦＲＰには鉄板に比べ腐食しにくく、もともとボートに使用される

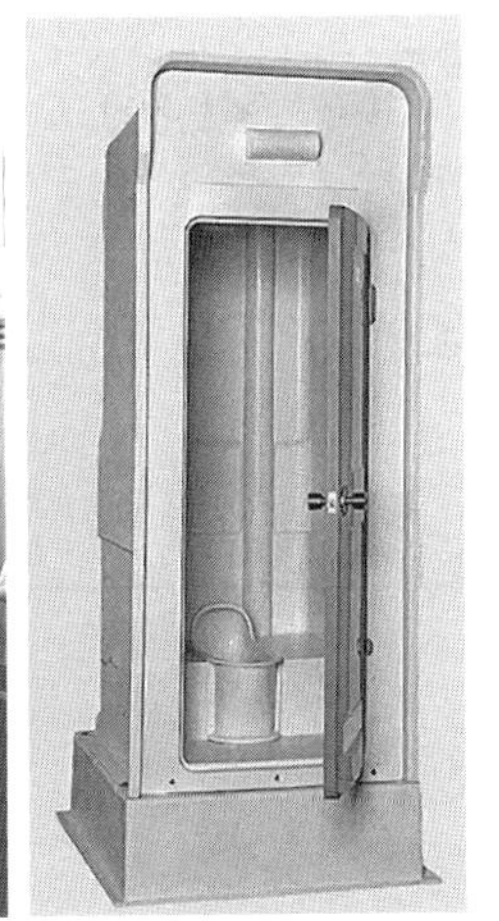

鉄板製トイレ

ほど水に強いため錆も発生せず、さらに仮設トイレの耐久性が上がった。その後、量産性と耐久性、メンテナンス性が優れ、一部部材はリサイクルも可能な樹脂（ポリエチレンやポリプロピレン等）製へと仮設トイレの素材が進化していった。

トイレ室内に使用される便器も、陶器製から始まり現在は運搬の際に破損しにくい樹脂製が数を増やしている。こうして日本全国の建設現場のみならずオリンピックや各種博覧会といったイベントなど、多くの場面で仮設トイレが使用されるようになっていった。

長野オリンピック

②仮設トイレの種類

仮設トイレはいくつかの方法で分類することができる。日本トイレ協会の災害・仮設トイレ研究会（以下、災害トイレ研）では大きさ、洗浄方式、汚物の処理方式で分類を行っている。その中でも樹脂製の、便器が一つの箱形のもの（後述の単体トイレ）が日本国内で流通している仮設トイレの大半を占め、ほかにプレハブハウスの中にトイレ室をいくつか設けたもの（ハウストイレ）や、トイレと車両とが一体となったもの（トイレカー）などがある。樹脂製のトイレは国内の主要なメーカーである旭ハウス工業（本社所在地：愛知県）、ハマネツ（同：静岡県）、先述した日野興業（同：千葉県）、みのる化成（同：岡山県）の4社によってその多くが製造されている。

以下に大きさ、洗浄方式での分類内容とその定義を示す。処理方式での分類については、第3節で紹介する。

大きさでの分類

(1)単体トイレ

室内の便器の数が1つのトイレ

(2)単体連結トイレ

単体トイレを2つ連結し、その室内が一体化しているトイレ

(3)小型ハウストイレ

便器の数が2個以下のハウス・コンテナ型トイレ（便器：小便器・大便器）

(4)ハウストイレ

便器の数が3個以上のハウス・コンテナ型トイレ（便器：小便器・大便器）

(5)車載トイレ

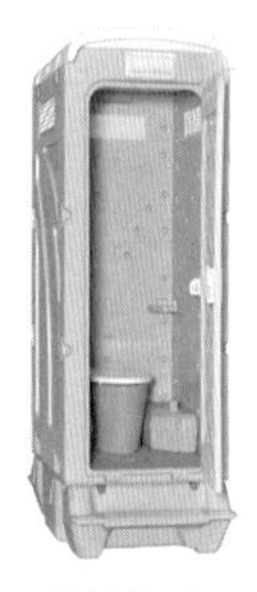

単体トイレ

単体連結トイレ

小型ハウストイレ

ハウストイレ

車載トイレ

トイレカー

バリアフリートイレ

車両と一体型ではなく、軽トラック等に搭載可能なトイレ
⑹トイレカー
車両設備として便器が組み込まれた車両と一体型となったトイレ
⑺バリアフリートイレ（ユニバーサルトイレ）
主に車椅子ユーザーや障害のある方、高齢者等が使用することを前提としたトイレ

洗浄方式での分類
⑴非水洗式
洗浄水を使用しない。
⑵簡易水洗式
備え付けのポンプを踏むなどして、３００cc程度の水／回で洗浄する（水の量は機種により異なる）。
⑶水洗式
備え付けのロータンク等に洗浄水を貯め10ℓ程度の水／回で洗浄する（水の量は機種により異なる）。
⑷循環式

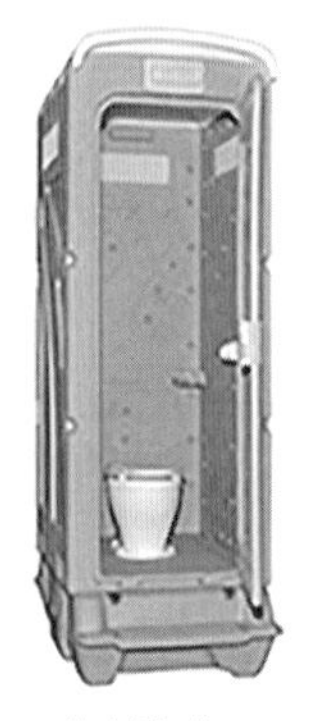

非水洗式

簡易水洗式

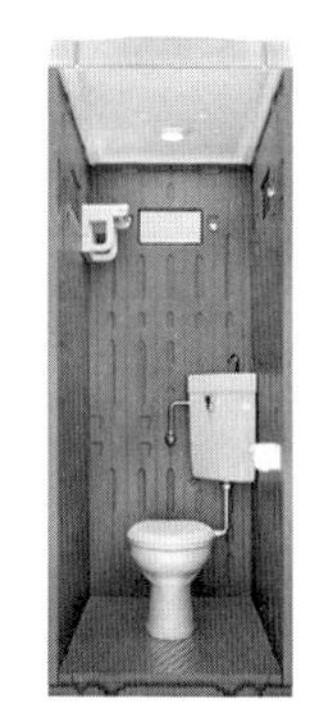

水洗式

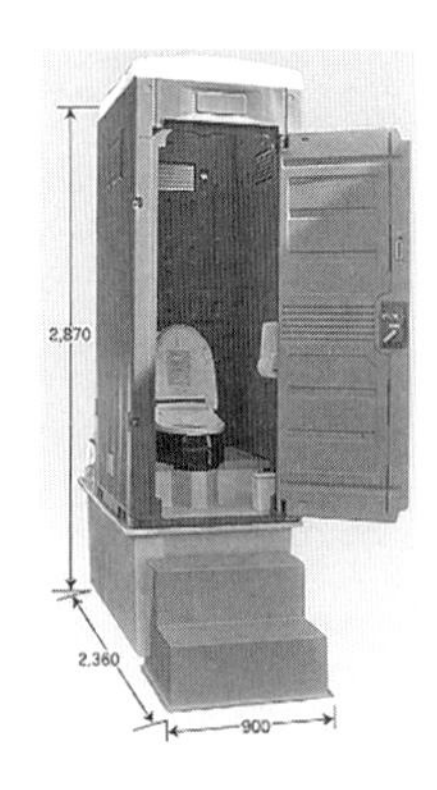

循環式

圧送式

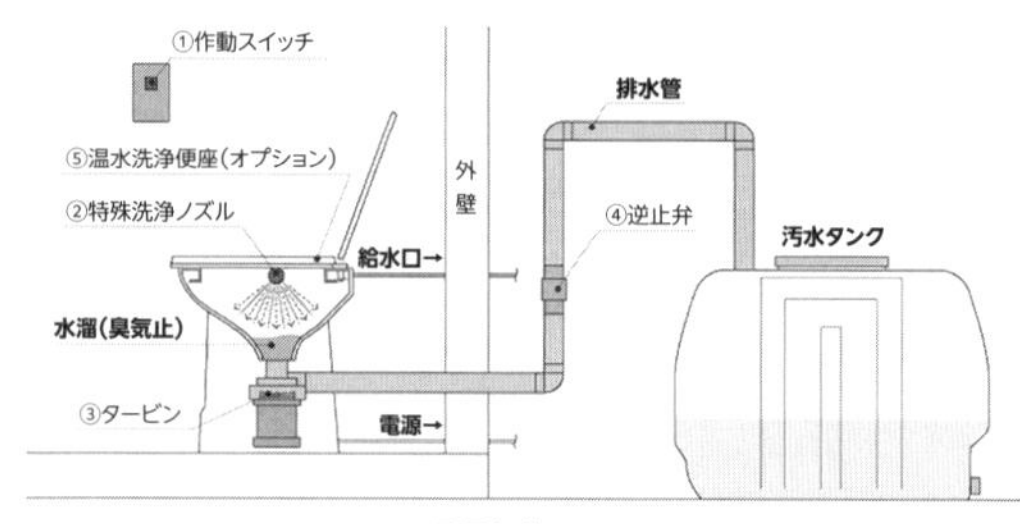

吸引式

し尿処理装置にて再生処理した水を洗浄水として循環使用する。

(5)圧送式

上下水道等に接続し、汚物を洗浄水と共にポンプで強制排出する。

(6)吸引式

洗浄水と共に圧力差を利用して汚物を排出する。

③仮設トイレのレンタル、流通の仕組み

仮設トイレが使用される場面は、主に建設現場、イベント現場、災害現場である。1981年にレンタルのニッケン（本社所在地：東京都）が日本で初めて仮設トイレのレンタルを手掛けたことがきっかけで、普及が本格化した。現在、日本国内の道路・ダム・トンネル等の土木の工事現場やビル・住宅等の建築現場で使用されている仮設トイレのほとんどがレンタル商品となっている。

メーカーによって販売された仮設トイレは各地のレンタル会社等が購入し、建設会社や住宅建設会社が工事期間に応じてレンタルする。使用される期間は数週間から数年まで様々だ。使用期間が終わった仮設トイレは、非水洗式・簡易水洗式（前述）の場合は汲み取りが行われた後にレンタル会社に返却され、洗浄・整備されて次に使用される機会を待つ。

全国各地で行われる花火大会や国体等スポーツイベント、野外でのコンサートでも仮設トイレは活躍する。イベントの規模や期間に合わせてレンタルされるが、多いときは1回のイベントで1000棟が設置されることもある。使用される期間は1日から長くても数か月と建設現場の場合よりも短いことがほとんどだ。

建設現場

イベント現場

大規模農家や観光農家がレンタルをすることもある。一年のうち、収穫等で忙しくなり人手が必要になる繁忙期だけ必要数をレンタルする場合や、イチゴ狩りやリンゴ狩り等観光シーズンで来場者が増える際に設置する場合だ。広さがある農地では、用を足すために都度自宅や受付の建物に戻るのは大変であり効率も悪いため、農地内に仮設トイレを置いてすぐに使えるようにするのである。

災害時の避難所については次節で詳しく説明するが、基本的には避難所を管理する自治体の要請によって設置される。

つまり、建設業界で働いている人以外は、イベントの時以外に仮設トイレを使用する機会は少ないので、普段からあまり馴染みのあるものではないだろう

(2)――仮設トイレの快適性の向上

①働き方改革と仮設トイレ

現在、日本国内の家庭のトイレは、新築の場合ほぼ１００％洋式トイレが設置されていると言われる。鉄道の駅、学校、商業施設等、いわゆる公共のトイレでもその多くは洋式トイレになっている。では、仮設トイレはどうか。

仮設トイレはその７割程度が和式であり、洋式トイレは全体の３割にすぎない（災害トイレ研２０２０年10月の調査より）。これでも少しずつ洋式トイレの数は増えてはいるのだが、なぜ家庭のトイレや公共のトイレと比べ、仮設トイレは和式が多いのか。これは、建設現場に

おいてトイレ環境が重視されにくかったという事実が影響している。「用が足せればいい」「現場のトイレに費用を掛けなくてもいい」という考えが多く、また建設業界は男性中心であることも理由の一つだろう。総務省の「労働力調査」によると、２０２０年における日本国内の全産業では男性が55・５％、女性が44・５％なのに対し、建設業では男性が83・４％、女性が16・６％である。建設業界は男性の数が圧倒的に多いのがおわかりいただけるかと思う。

しかしここ数年、仮設トイレは多様に、また快適な仕様に進化している。そのきっかけは、政府が打ち出した「女性活躍」の政策であった。

２０１３年10月、当時の安倍政権が成長戦略として「女性の活躍」を取り上げた。これをきっかけに建設業界でも女性が働きやすい環境づくりを目指す動きが高まり、２０１４年８月、国土交通省および建設業５団体（日本建設業連合会、全国建設業協会、全国中小建設業協会、建設産業専門団体連合会、全国建設産業団体連合会）が「もっと女性が活躍できる建設業行動計画」を策定した。この中で、「働き続けられる職場環境を作る」としてトイレ・更衣室等の女性も働きやすい現場のハード面の環境整備が必要であると明記された。

２０１５年４月、一般社団法人日本建設業連合会（以下、日建連）が「けんせつ小町が働きやすい現場環境整備マニュアル」を策定した。この中で日建連は加盟する建設会社に対し、工事現場への女性専用仮設トイレの設置を明記し、その仕様を詳しく指定した。その内容は

「MUST（現場の規模、環境に関わらず会員企業として行動すべき施策）」、「BEST（さらに建設業の魅力化を図るために取り組むべき施策）」に分かれ、それぞれ以下となる。

・MUST

現場において、女性専用の仮設トイレを設置する。

①女性専用のトイレであることを明確に表示する。

②男性が無断で使用できないよう施錠管理する。

③設置位置や動線に配慮する。

④必要な設備を整備する。

・BEST

（設置された仮設トイレについて）女性用、男性用を明確にエリア分けし、さらに入り口を分ける。

より快適性に配慮した設備を整備する。

参考例として、トイレ個室内の安全帯掛け、小物入れ等。

これらには強制力はないが、建設業で働く女性へ一定の配慮を示すべきであるという、建設業界として目指すべき姿勢が明確になったと言える。

こうして建設現場の女性用トイレが注目を浴び、「けんせつ小町が働きやすい現場環境整

女性が働きやすいトイレ

1．女性が働きやすい設備等の整備	
（1）女性に配慮したトイレを整備する	
MUST（現場の規模、環境に関わらず会員企業として行動すべき施策）	**BEST（さらに建設業の魅力化を図るために取組むべき施策）**
1）現場において、女性専用の仮設トイレを設置する ①女性専用のトイレであることを明確に表示する ②男性が無断で使用できないよう施錠管理する （参考例） ・ダイヤル錠の設置 ・鍵を貸出管理した錠の設置 ③設置位置や動線に配慮する （参考例） ・現場に設置した休憩所や詰所、喫煙所等の人目につく場所を避けた配置 ・男性用と並列させる場合は女性専用の仮設トイレを奥に設置  【女性専用のトイレであることの明示事例】 ④必要な設備を整備する （参考例） ・サニタリーボックス	1）現場において、女性専用の仮設トイレを設置する 女性用、男性用を明確にエリア分けし、さらに入口を分ける 2）より快適性に配慮した設備を整備する （参考例） ・トイレ個室内の安全帯掛け ・小物入れ ・便座用アルコール消毒の用具 ・暖房便座、温水洗浄便座 ・女性のニーズに応えた、和式と洋式トイレ

出典：「けんせつ小町が働きやすい現場環境整備マニュアル」

備マニュアル」に沿って快適なトイレが設置されるようになった。

②国土交通省が「快適トイレ」を原則化

このころ一部メーカーにより建設現場で働く女性向けに「女性専用仮設トイレ」が発表されるなど、仮設トイレが注目されるようになっていったが、男性用のトイレ環境も女性用同様に整備するべきとして、2016年8月、国土交通省は男女ともに使いやすい仮設トイレ「快適トイレ」を国が発注した土木工事の現場に導入することを原則化した。快適トイレとして、使用洋式便座、水洗機能および簡易水洗機能、容易に開かない施錠機能など計17の仕様が示されている。これによって国の直轄の工事現場には「快適トイレ」の設置が求められ、工事費の積算価格として上限4万5000円／基（2016年当時。2022年現在は5万1000円／基）まで予算が認められることとなった。

これにより仮設トイレメーカー各社は「快適トイレ」の仕様に合わせた仮設トイレの開発に乗り出し、レンタル会社も「快適トイレ」の保有棟数を増やしていった。しかし初年度の2016年の国の直轄の工事現場における快適トイレ設置率は25・0％（全国平均）であり、原則化からおよそ半年の時点では直轄の工事現場に行き渡っているとは言いがたい状況であった。

快適トイレの仕様

1．快適トイレに求める機能

①洋式（洋風）便器
②水洗及び簡易水洗機能（し尿処理装置を含む）
③臭い逆流防止機能
④容易に開かない施錠機能
⑤照明設備
⑥衣類掛け等のフック、又は荷物の置ける棚（耐荷重を5kg以上とする）

2．付属品として備えるもの

⑦現場に男女がいる場合に男女別の明確な表示
⑧周囲からトイレの入口が直接見えない工夫
⑨サニタリーボックス（女性用トイレに必ず設置）
⑩鏡と手洗器
⑪便座除菌クリーナー等の衛生用品

3．推奨する仕様、付属品

⑫便房内寸法900×900mm以上（面積ではない）
⑬擬音装置（機能を含む）
⑭着替え台
⑮臭気対策機能の多重化
⑯室内温度の調整が可能な設備
⑰小物置き場(トイレットペーパー予備置き場等)

〈イメージ図〉

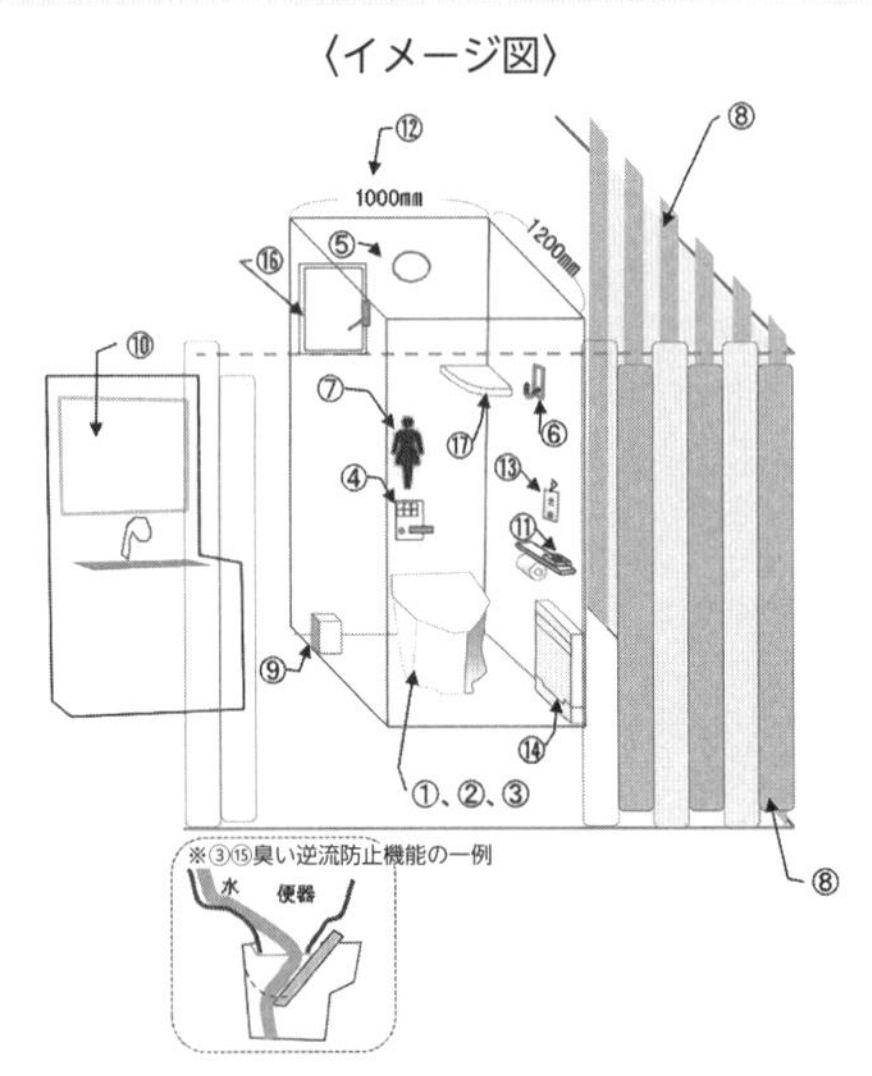

出典：国土交通省資料

設置率が伸び悩んだ理由は何だったのか。国土交通省の調査によると「快適トイレ」の設置をレンタル会社に依頼しても在庫がないなどの理由で設置できなかった、というような「供給不足」が主な理由と位置づけている。「快適トイレ」が原則化された直後は流通数が満足ではなかったことが窺（うかが）える。そのほかには、仕様⑧で「周囲からトイレの入口が直接見えない工夫」、つまりトイレに対する目隠しが、また⑩で「鏡と手洗

単体仮設トイレ大室の総出荷棟数における各種トイレ出荷比率（2021年4月調査）

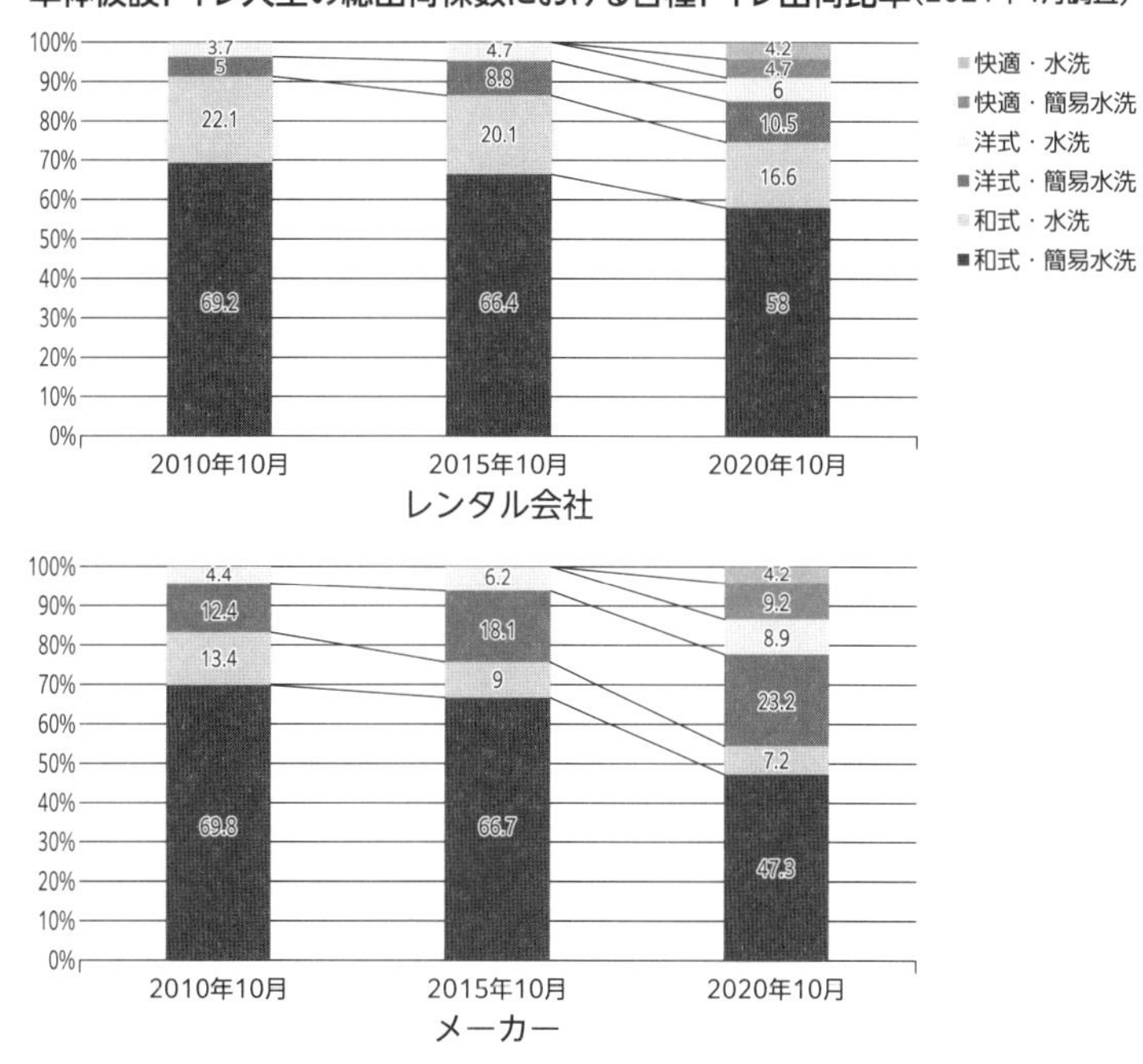

出典：日本トイレ協会災害・仮設トイレ研究会調査

器」が求められていることもあり、トイレ以外にもこれらを設置するスペースが必要だが、特に都市部の現場では敷地面積に余裕がなく設置を見送ったという意見もあった。その他目隠しの設置に手間が掛かるため見送った、現場近くの現場事務所のトイレを使用した、等の意見もあった。

しかしこの後、国土交通省は「快適トイレ」周知のための策を進め、各メーカー、レンタル会社はより一層「快適トイレ」の普及に力を入れていく。２０１７年度の設置率は39・０％、２０１８年度には45・６％と着実にその数値は伸びていった。災害トイレ研では、加盟している各メーカー、レンタル会社の総出荷数における各種トイレの出荷比率を調査した。その結果、「快適トイレ」が原則化される前後では、洋式トイレと快適トイレの出荷比率はメーカー、レンタル共に3倍近くになっていることがわかった。このことからも「快適トイレ」の普及が進んでいることがわかる。

「快適トイレ」の予算を認める動きは全国の都道府県にも広がっている。株式会社建設物価サービスの調査によれば、47都道府県のうち41都道府県で「快適トイレ」が予算計上可能な状況だ（２０２１年11月現在）。

③民間でも普及が進む

また、民間の建設会社や住宅業界でも独自に「快適トイレ」の設置を進めている。事例をいくつか紹介する。

熊谷組

熊谷組は東京都に本社（福井に本店）を置く、従業員数２６２０名の建設会社である。同社では２０１６年より、誰もがイキイキと働ける職場を目指す取り組みとして、トイレをはじめとした現場の環境整備に乗り出した。

初期段階で作業所を中心に環境整備に対する配慮依頼文書を配布し協力を求め、女性専用仮設トイレのデモ設置を行い好事例として社内に展開した。その後、「現場環境整備チェックリスト」「ダイバーシティパトロールガイドライン」を策定し、設備や環境づくりの基準を設け快適職場を実践した。「チェックリスト」「ガイドライン」に基づき、ダイバーシティパトロールを全国のダイバーシティ推進担当者が実施し、

水洗式の広いトイレを設置した現場でのアンケート結果

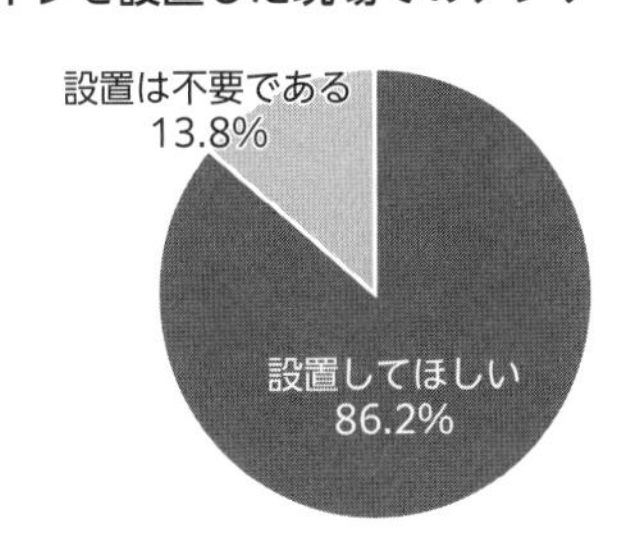

出典：大東建託

好事例を少しずつ増やしていき、今では現場の快適トイレの設置を全社員が推進している。

大東建託

集合住宅の建設で知られる大東建託株式会社では、2021年に仮設トイレレンタル会社3社の協力の下、全国の現場へ203台の快適トイレを試行設置する取り組みを実施した。同社の現場で働く技能者・技術者の労働環境をさらに良いものとするための取り組みである。この取り組みでは使用者に対しアンケート調査も行ったが、今後も設置をしてほしいとの声があった。特に広いトイレ（単体連結型トイレ）の水洗式を設置した現場では、トイレに行くことを我慢しなくなった、業務に集中できるようになったと仕事の生産性向上を示す回答があった。狭さと臭いを解決することは、使用者の満足度を上げることにつながると考えられる。同社では、快適トイレの継続設置を引き続き検討している。

積水ハウス

ハウスメーカーの積水ハウス株式会社では、施工現場で働く女性のトイレ環境改善を目的に、2016年に全国29か所の現場において女性専用快適トイレの設置とアンケート調査を行うとともに、2015年「日本トイレ大賞」女性活躍担当大臣・男女共同参画担当大臣賞を受賞した「おりひめトイレ」を16台増産し、全国の大規模分譲地に設置した。「女性の職人が涙ぐんで喜んでくれた」や、夫婦で仕事を請け負う職人からは「奥さんを現場に連れてくることができる」という声が上がったほか、「男性にも、このような使いやすいトイレを使わせてほしい」や「女性は少数派のため使用することに引け目を感じてしまう」などの意見もあり、仮設トイレを複数設置しにくい住宅建築の環境も踏まえ、性別等にかかわらず「誰もが使いやすい仮設トイレ」の設置推進を目標とした。

前述の取り組みから、「快適トイレ」の存在を多くの方に知ってもらうこと、維持管理など運用ノウハウの蓄積を目的に、2020年には大都市部で管理者が常駐する大規模集合住宅の現場において仮設トイレの「洋式・水洗化」に取り組んだ。その結果、それまでの洋式トイレ1%・水洗式トイレ14%（2017年実績）という割合から、当該物件で洋式トイレ63%・水洗トイレ56%にまで採用数が増加し、現場管理者へのアンケートでも76%が「洋式トイレ化に期待している」と回答するなど、社内での仮設トイレ改善への意識が進んだ。今後の課題としては、設置エリアの拡大や小規模物件への展開等が挙げられる。

大和ハウス工業

同じくハウスメーカーである大和ハウス工業株式会社では、現場環境改善への取り組みの一環として2017年度より「快適トイレ」の設置を積極的に推進するための検討を開始した。それまでは和式トイレであり、簡易水洗式の設置が主流であった。その問題点と解決策を以下のようにまとめた。

・問題点1　洋式の仮設トイレの流通量が少なく、コストが掛かる。
解決策　↓　洋式の仮設トイレを流通させることで和式との価格差が解消すると考え、流通量を増加させるためにも現場数、工期が比較的短くトイレ使用を回転させることができるハウスメーカーが洋式の仮設トイレの使用を推進する。

・問題点2　水洗式トイレを設置するために必要な下水道使用許可申請にある程度の日数、費用、手間が掛かり、現場監督への負担が大きかった。
解決策　↓　「水洗式仮設トイレ」の許可申請を計画的に行う。費用については、近年特に首都圏において汲み取り費用の高騰が進み、水洗式トイレと簡易水洗式トイレの費用格差は差が縮小しているため、地域と汲み取りの回数によっては水洗式トイレを設置する方がコストメリットがある場合もある。

・問題点3　職人の間では「建設現場＝和式便器」という先入観が強く、洋式トイレにすることで便座を他人と共有することへの抵抗感が心配された。
解決策　↓　普段生活する上では洋式便器を使用することが多いため、「建設現場＝和式便器」という先入観を払拭するために現場で働く方に現場環境改善の目的を丁寧に説明し、理解を得た上で推進を行う。

これらを踏まえ2017年10月より洋式トイレと水洗式トイレの設置を関東地区にて全国に先駆けて展開した。可能な現場では「快適トイレ」の設置にも取り組んだ。当該現場でのヒアリングでは、「洋式便器への反対意見は特に見られなかった」「水洗式の現場は臭いが少ないため、近隣配慮の改善となる」等の意見があった。

現在も洋式トイレ、水洗式トイレ、快適トイレ設置の取り組みは続いており、首都圏における同社の設置数は増加している。

住宅業界

住宅業界では会社の枠を超えた取り組みも行われている。首都圏で住宅現場の安全衛生対策に取り組む全国低層住宅労務安全協議会（以下、低住協）では、2017年に低住協に加盟する住宅会社、仮設トイレメーカー、レンタル会社が住宅現場の環境改善を目的とした「快適トイレ推進プロジェクト」を立ち上げた。同プロジェクト

住宅版快適トイレの主な装備

①	洋式便器	④	小物掛けフック
②	便座除菌クリーナー	⑤	小物置場等
③	容易に開かない施錠機能等	⑥	薬剤による臭い対策（簡易水洗）
※推奨しているもの…標準化はしていないが付いていればさらに良いもの			
⑦	擬音装置	⑨	ヘルメットホルダー
⑧	鏡または鏡付きの手洗器等		

では、前述の国土交通省「快適トイレ」をもとに、住宅の現場に合った「住宅版快適トイレ」の仕様を決定した。国土交通省の仕様との違いは主に次の３つである。

・男女共用を可とする。

敷地面積が限られる住宅現場では、複数棟の仮設トイレを設置することは特に首都圏では難しいケースが多い。低住協の女性技術者の部会「じゅうたく小町」へのヒアリングでも、前述したような状況下では女性専用にこだわらなくともよいという意見が多く、質の高いトイレの設置を優先し男女共用を可とした。

・臭い対策を必須とする

住宅現場は近隣住民への配慮を特に重視する必要がある。そのためまずは臭いが発生しない水洗トイレの設置を検討し、現場の条件などで困難で

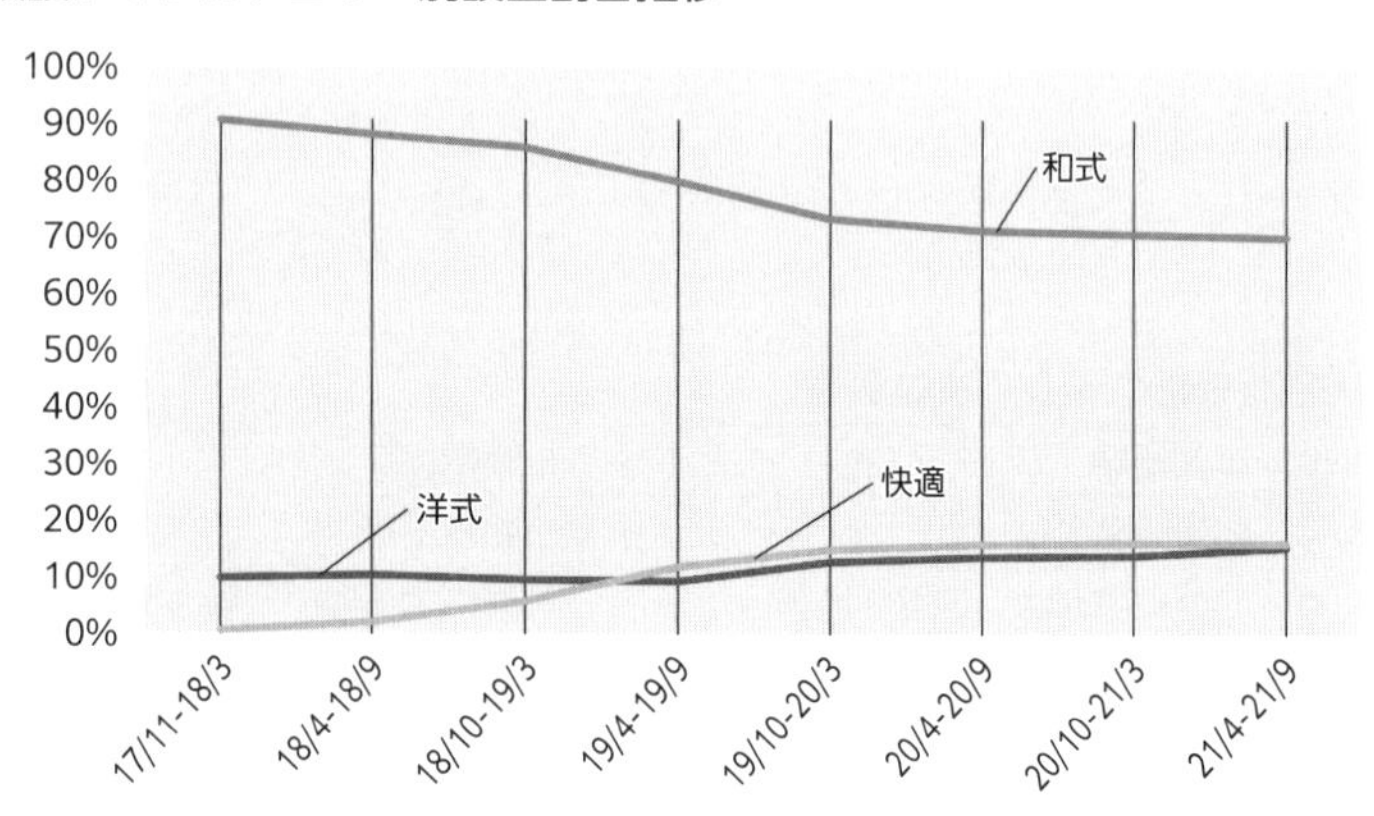

簡易水洗式を設置する場合は、臭い対策として薬剤の使用を必須とした。
・スペースを取る設備は必須としない
鏡付き手洗器やトイレ入口の目隠し等は男女共用を可とした理由と同様、住宅現場は敷地面積が限られるため特に設置を求めなかった。

住宅版快適トイレの仕様は多くのレンタル業者で取り扱いできるものとなり、先述したハウスメーカー等の取り組みもあり、四半期に一度行っている調査では和式トイレの設置数が減少傾向であり、反対に洋式トイレ・快適トイレの設置数が年々増加している。

④より快適な仮設トイレをめざして

このように「快適トイレ」の設置は全国の様々な建設現場に広がりを見せているが、ハードであるトイレが普及しつつある中、次に求められているのは仮設トイレの暑さ・臭い・虫への対策である。

樹脂製の仮設トイレは採光のため屋根が乳白色である商品が多いのだが、夏場は強い日差しの影響を受け室内の気温が上がり、そのまま室内に熱を閉じ込めてしまう傾向にある。ある実験によると、樹脂製トイレの室内は外気温よりさらに7度高いという結果となった。

夏の建設現場は暑さや熱中症との戦いでもある。厚生労働省の調査によると、建設業における熱中症による死傷者数は２０２０年には２１５名であった。これは全業種（建設業、製造業、運送業、警備業、商業、清掃・と畜業、農業、林業、その他）に対して最も多い22％を占める。それぞれの建設現場では空調服（作業着に小型ファンを装着し汗の気化熱で体を冷やすことができる作業着）を着用する、塩分や水分を適宜摂取する、休憩時間を適切に設けるなどの対策を行ってはいるが、やはり過酷な環境であることは間違いない。過去には、とある現場で体調が悪くなり、休憩しようとトイレ内に入ったが暑い室内で倒れてしまい、しばらく発見されなかった作業員もいたと聞く。ハウストイレでは空調完備の商品もある中、樹脂製の単体トイレにおいても今後冷房付きの仕様を検討するべき段階に来ているのではないだろうか。

仮設トイレ取り扱い企業ではこのような現状を

仮設トイレ室内温度の実験結果

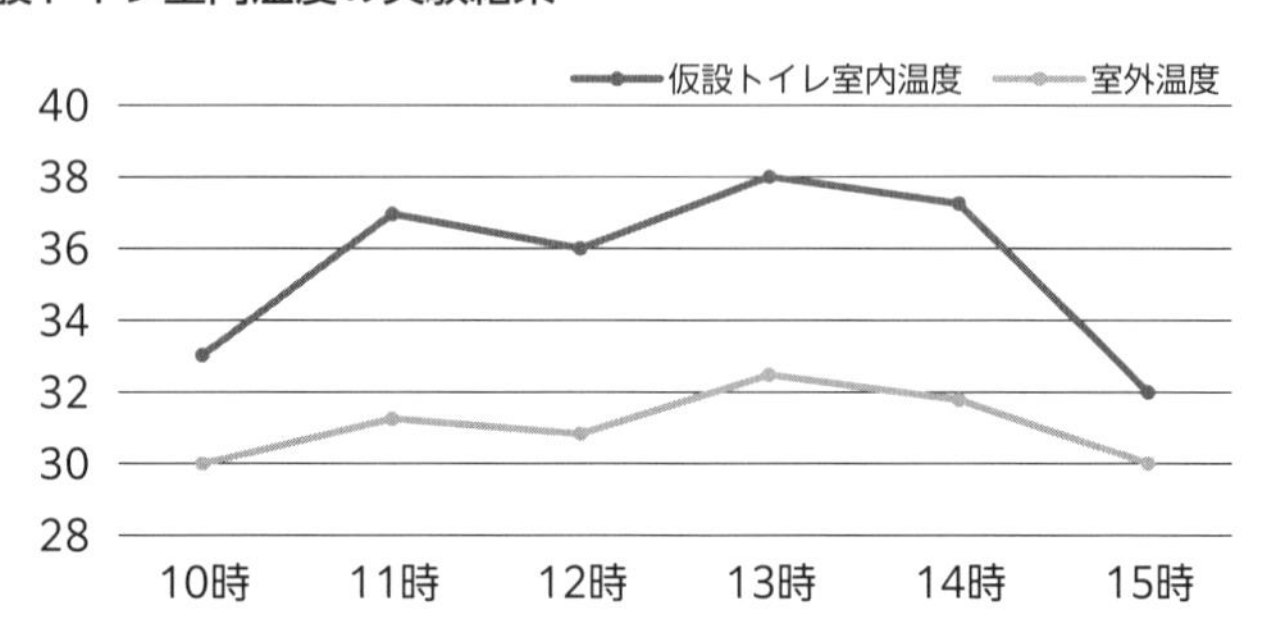

夏場の仮設トイレは、直射日光や気温の影響を大きく受け、
最大で室外より７℃も高くなってしまうことも…

出典：日野興業㈱による実験結果

受けクーラー付き樹脂製仮設トイレの提案を行うなどしており、今後これらが商品化され、流通することでハウストイレの設置が難しい都市部の狭小現場等にも涼しい仮設トイレの設置が広がることが望まれる。

臭いと虫については、トイレの快適さとは切っても切り離せないと考えられる。前述の大東建託株式会社における取り組みの際行ったアンケート調査では、単体トイレ・単体連結型トイレ共に、臭いが発生しない水洗式が簡易水洗式よりも「快適」と回答した人が多かった。

大手建設会社の鹿島建設では、２０１７年に東京都内市街地の現場において近隣からの苦情を未然に防止する目的で、簡易水洗式仮設トイレの臭い軽減・防虫対策に取り組んだ。現場に設置した複数の快適トイレに対し、虫については、薬剤を用いて便槽から発生する虫の幼虫を殺虫し、外からの虫の侵入も防止した。臭いについては、消臭剤で化学的に消臭または芳香剤でのマスキング

仮設トイレの快適さについてのアンケート

下記の順で高評価（普通以上の回答を高評価とする）の割合が増加しました。

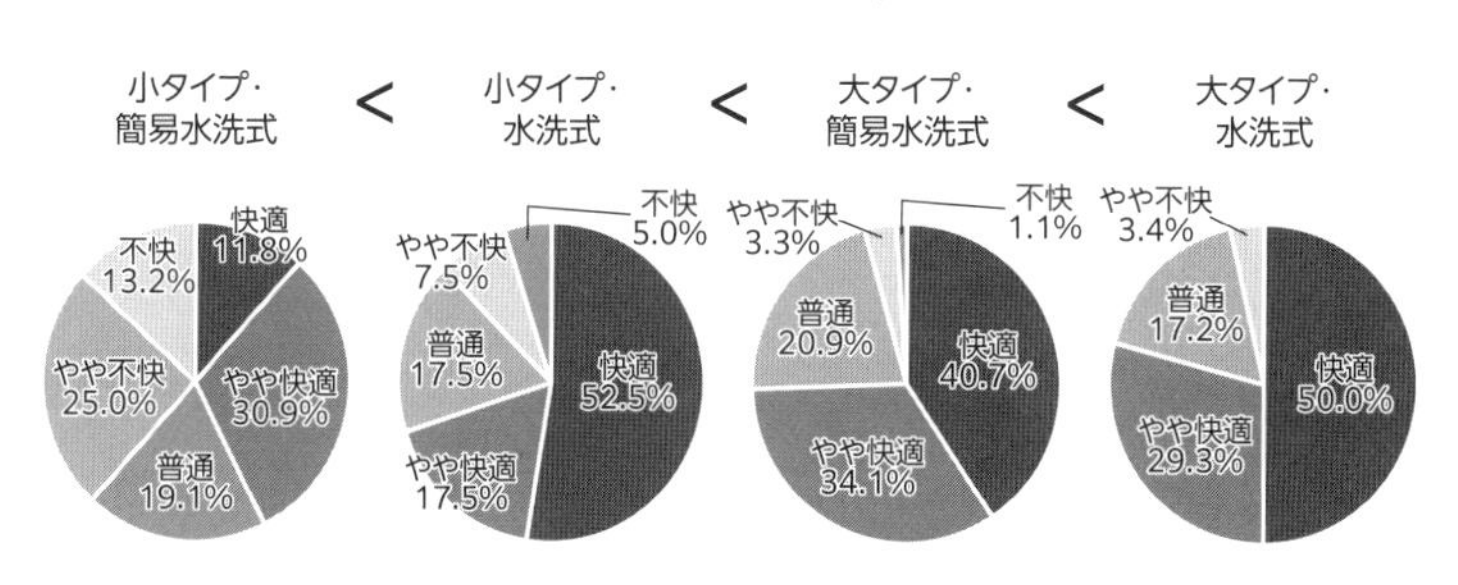

出典：大東建託

を行った。また、これらの取り組みを行っていることを、ターポリンシートを用いた看板で近隣に向けてＰＲを行った。

この取り組みでは臭いに関する評価手法の確立、利用者数や汲み取りの頻度によって適した防虫対策の選定の必要性が明らかになるなど一定の成果が見られた。また、使用する薬剤によっては清掃に用いる洗剤が薬剤の効果を減少させるなど悪影響をもたらす場合もあり、洗剤の選定と清掃方法まで配慮を行う必要性も確認できた

（出典：『積算資料公表価格版（特別編集版）』２０１８年）。

この取り組みを行った現場のように、建設現場では下水道設備が整備されておらず、簡易水洗式の仮設トイレが設置されるケースが多い。その際は適切な薬剤を使用して臭いの発生を抑えることを推奨する。これは国土交通省「快適トイレ」標準仕様⑮「臭気対策機能の多重化」や、低住協・住宅版快適トイレでも謳（うた）われている。

便槽

虫についても同様である。便槽（簡易水洗式仮設トイレの下部に設置されている、し尿等を一定量

溜(た)めておくタンク）は蝿(はえ)やウジ虫の発生源となりやすいため、まずはし尿が溜まる前に防虫剤を投入しておくとよい。すでに虫が発生してしまっている場合は殺虫剤で処置をする。ウジ虫用の殺虫剤は仮設トイレの一部部材に悪影響を及ぼす場合があるため、当該商品や仮設トイレの使用時の注意事項を確認することが大切である。

このように、和式便器を鉄板で囲む簡易的な建物から始まった仮設トイレは昔も今も建設現場で働く人を支えているが、その仕様や多様さは大きな進化を遂げている。

（谷本　亘・熊本好美）

２　仮設トイレは災害時の最重要インフラである

⑴　災害時の仮設トイレの手配、運用はどうなっているのか

①仮設トイレをスムーズに手配するために

大きな災害が起きると避難所が開設される。上下水道等のインフラが被災し使用できなくなった場合や、既存のトイレが使用可能でも避難者数が多い場合は災害用のトイレを迅速に手配する必要がある。仮設トイレは避難所を管理する自治体からレンタル会社へ発注され、避難所へ届けられる。仮設トイレは災害時に必要不可欠なものだから、必要な数を迅速に手配して設置することが求められる。

このように書くと極々簡単な手順のように映るが、これまでの経験上、仮設トイレの手配には様々な問題が起きている。

災害の規模によっても違うが、仮設トイレを手配・管理する担当者は自治体の職員であったり避難所が開設された学校の教職員であったり、いろいろなケースがある。常日頃から災

害時のトイレ手配について確認や訓練等が行われていればよいが、多くの場合はそうではないようだ。

災害が起きてからレンタル会社の電話番号をさがすようなことでは、迅速に対応できない。トイレの手配は何よりもスピードが必要である。そのためには自治体の防災対策の中に、レンタル会社等との連携や協力体制を位置づけておくべきだ。仮設トイレの提供に関する協定を締結している例もある。

また、訓練や事前準備が行われていても、担当者の異動で引き継ぎがうまくいっていないことも過去には見られた。そのため、「どんなトイレを手配すればいいのかわからない」「避難者数に応じた適切な棟数を算出できない」「避難施設のどこにどのように設置するか判断できない」等の問題が起こりうる。

特にトイレの手配の段階で、「仮設トイレ」と「簡易トイレ」、「水洗式」と「簡易水洗式」などの「用語」が周知されていないために混乱することもある。普段はトイレ業界の関係者のみで使用される言葉なので、一般の認知度が低いことはやむをえないかもしれないが、災害時に的確な発注や運用をするためには、業界としてもこのような「用語」をわかりやすく周知すべきであるし、行政側も仮設トイレ業界についての知識や情報を共有してほしいと思う。

設置すべきトイレの適切な棟数把握や場所の選定は、平常時に検討を行っておくことが大切だ。避難所で必要とされるトイレの数については第２章に詳しく解説したが、実際には避難所の既存のトイレがどの程度被災しているか、マンホールトイレが使えるかといったことや、避難している人の男女比や高齢者、障害者の人数などによっても必要とされる仮設トイレの数は変わってくる。

②仮設トイレの設置場所を決めておく

仮設トイレの設置場所はあらかじめ決めておくことが重要である。避難所に被災者が詰めかけて、トイレの設置場所を車などで占拠してしまわないような配慮も必要である。

仮設トイレを設置する場所については、以下の検討が必要である。

- トラックで仮設トイレを搬入可能な場所か（トラックの荷台高さ＋仮設トイレ高さは最低でも３ｍ程度となる。特に学校施設は渡り廊下が搬入の障害になる場合があるので注意が必要である）。
- 比較的平坦（へいたん）か。
- 避難所の生活スペースから離れすぎていないか。
- 男女のトイレが適切な距離で離れて設置可能か、もしくは近くに設置する場合でも出入する際にお互いに見られないよう目隠しフェンス等を設置し、視線を遮ることが可能か。

●トイレを使用する際に犯罪に遭う危険性がないか。

（参考：内閣府「避難所におけるトイレの確保・管理ガイドライン」）

トイレを利用する人の多様性にも配慮しなければならない。例えば公共トイレでも配慮が求められるようになっている性的マイノリティの人の利用にも、男女別ではないトイレの設置など、一定の配慮が望まれるであろう。仮設トイレはあくまで「仮設」なので、日常的に求められる様々な要件を満たすことは難しいが、できるだけ配慮する必要があることはいうまでもない。

③簡易水洗式が望ましい

避難所で手配する仮設トイレとしては、簡易水洗式が適している。簡易水洗式はし尿がたまると汲み取りが必要になるため、汲み取り業者の手配も必須となる。被災地域の汲み取り業者は自身も被災し汲み取りが行えない可能性も考えられるため、周辺地域の業者とも平常時から協力体制を整えておくことが必要である。

上下水道が被災していなければ、仮設トイレの水洗式を選択する可能性もあるが、工事会社が被災している場合は仮設トイレと上下水道をつなぐ配管工事手配が難しくなる。また、仮設トイレの設置位置が水道管、汚水桝との位置に左右され限定されてしまうなどの理由から避けるべきである。

④洋式トイレが手配しにくい理由

災害で設置される仮設トイレは和式であることが多く、避難者にとって使いづらい。それはなぜか。

災害時にはまず初めに、その時点で近隣のレンタル会社に余剰在庫として保管されているものが運ばれていくこととなる。そのため流通量の多い和式の古いタイプの仮設トイレが設置されるのだ。先述したが仮設トイレの余剰在庫は和式が７割、洋式が３割である。このため必然的に和式トイレが避難所に運ばれる可能性が高くなる。

ただし近年は少しずつ状況が改善されつつある。国土交通省では直轄の工事現場の「快適トイレ」設置を原則化している。また大きな災害では国のプッシュ型支援が行われる。仮設トイレの手配は経済産業省の担当で、熊本地震では経済産業省の要請により５００棟以上の洋式の仮設トイレが各地の避難所に設置された。また、２０１８年７月の西日本豪雨でも経済産業省から洋式の仮設トイレが要請され、各地の避難所に設置されている。

熊本地震で設置された洋式の仮設トイレ

このように少しずつではあるが、避難所に洋式トイレなどの質の良いトイレが設置される実績が増えている。これは「快適トイレ」原則化によって、洋式トイレの流通量が増えたためでもある。

また、仮設トイレでは「ユニバーサルトイレ」の流通量が極めて少なく、災害トイレ研の調査によると災害トイレ研加盟企業が保有する仮設トイレ全体のわずか0・1％となっている。「ユニバーサルトイレ」はその大きさと使用用途の汎用性が少ないことが原因で、これまで流通量は多くなかった。しかし最近は各社新商品として「ユニバーサルトイレ」を製作しているほか、被災地での設置実績もある。

自治体はこうした仮設トイレの市場や業界の実情を理解した上で、対策を講じることが必要である。レンタル会社に電話一本で洋式の仮設トイレやユニバーサルトイレが届くというわけにはいかないことをふまえて、災害トイレの計画や事前の備えをしておかなければならない。

2018年７月の西日本豪雨で設置された仮設ユニバーサルトイレ

(2)――災害時に仮設トイレがすぐに届かない理由

①発災から避難所に届くまで3日以上かかる

国土交通省の資料によると、仮設トイレが発災から各地の避難所へ届くまでに早くても3日以上、ほとんどの場合4日以上掛かるケースが多いと言われている。そのため発災直後数日は避難所の既存トイレ個室や簡易的なブース内で携帯トイレや簡易トイレを使用することを想定し、備蓄が推奨されているのだ。

このように仮設トイレが避難所に届くまでに日数を要するのには、主に2つの要因がある。1つは災害時特有の事情にある。大規模災害になるほど社会情勢は混乱し、道路の寸断やガソリン等燃料の不足が起こる。2011年の東日本大震災の

トイレの充足度のイメージ図

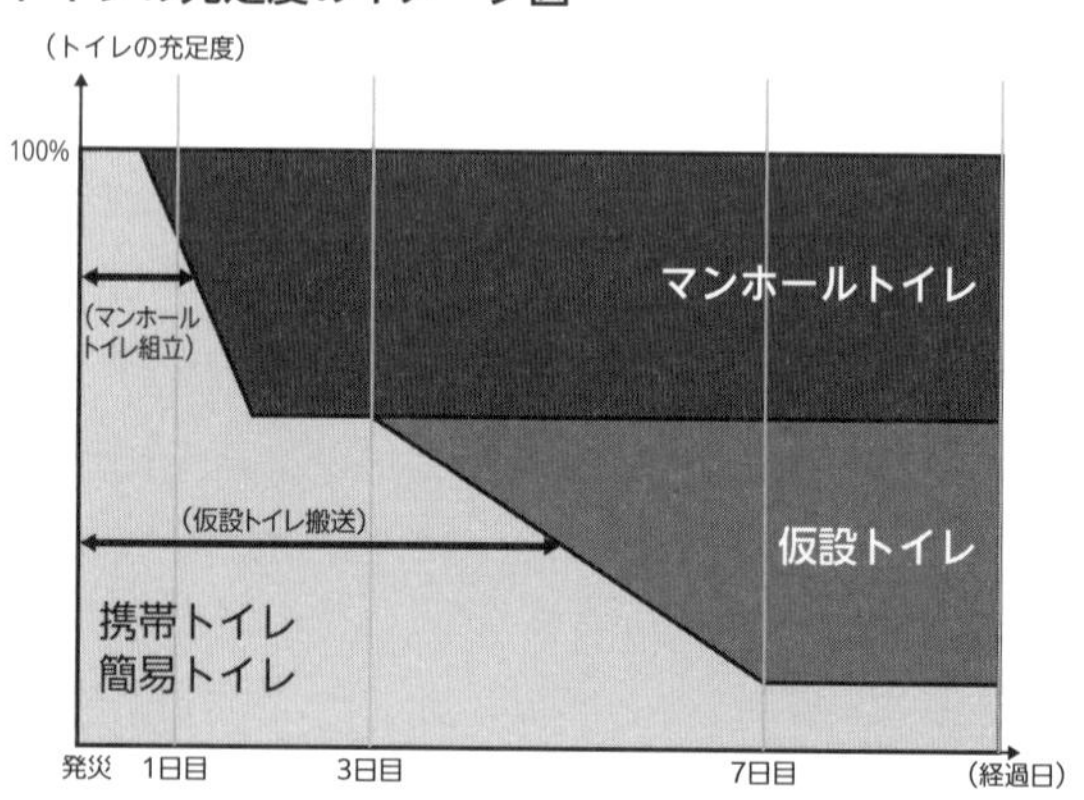

出典：国土交通省「マンホールトイレ整備・運用のためのガイドライン」

際は被災地だけでなく国内の他の地域でもガソリン不足が起こったことは記憶に新しい。仮設トイレだけでなく他の物資も被災地に届きづらい状況になるのだ。

②いつでも、どこにでも在庫があるわけではない

また、仮設トイレは災害時には基本的に自治体や国とレンタル会社とのレンタル契約となり、被害が限定的な範囲であれば地場のレンタル会社から輸送されるが、大規模災害となるほど遠方からの輸送となり日数が掛かってしまう。

加えて仮設トイレの余剰在庫数は首都直下地震・南海トラフ地震の被害が想定される地域では８０００棟程度（２０１９年4月〜２０２０年3月の1年間の余剰在庫数。災害トイレ研調べ）である。日本全国ではさらに棟数は増えると思われるが、すべての設置要請に対応できない場合も想定される。

災害時にレンタル契約が行われなかった事例もある。たとえば２０１１年に発生した東日本大震災では多くの仮設トイレが国に販売された。理由には東日本大震災特有の事情が関係する。レンタル契約ではその設置場所を明記し、また環境汚染物質等の環境下で使用しないことが条件だが、被災地が前例のないほど広範囲に及び、すべての設置場所の把握が難しかったこと、また福島第一原子力発電所が被災したことにより放射能汚染の恐れがあったこと

から、これらの条件を満たすことが難しかったためだ。

③輸送車両とドライバー不足

２つ目は慢性的なトラックドライバーと仮設トイレの輸送に適した車両の不足にある。（公社）全日本トラック協会の調査によると、ドライバーの人数は「不足している」という回答が大半を占める。特に不足しているのは走行距離５００キロ超の輸送を担う長距離トラックドライバーと言われており、大規模災害になるほど被災地から離れた場所から仮設トイレが運ばれる可能性も高く、その際の手配がドライバー不足によりスムーズに行われないこと

ドライバー人数は不足しているか

○「ドライバーの人数は不足しているか」との問いに、**「非常に不足している」と「不足している」という回答が64%**を占めた。**「やや不足している」も含めると85%**となっている。

〈ドライバーの人数は不足しているか?〉

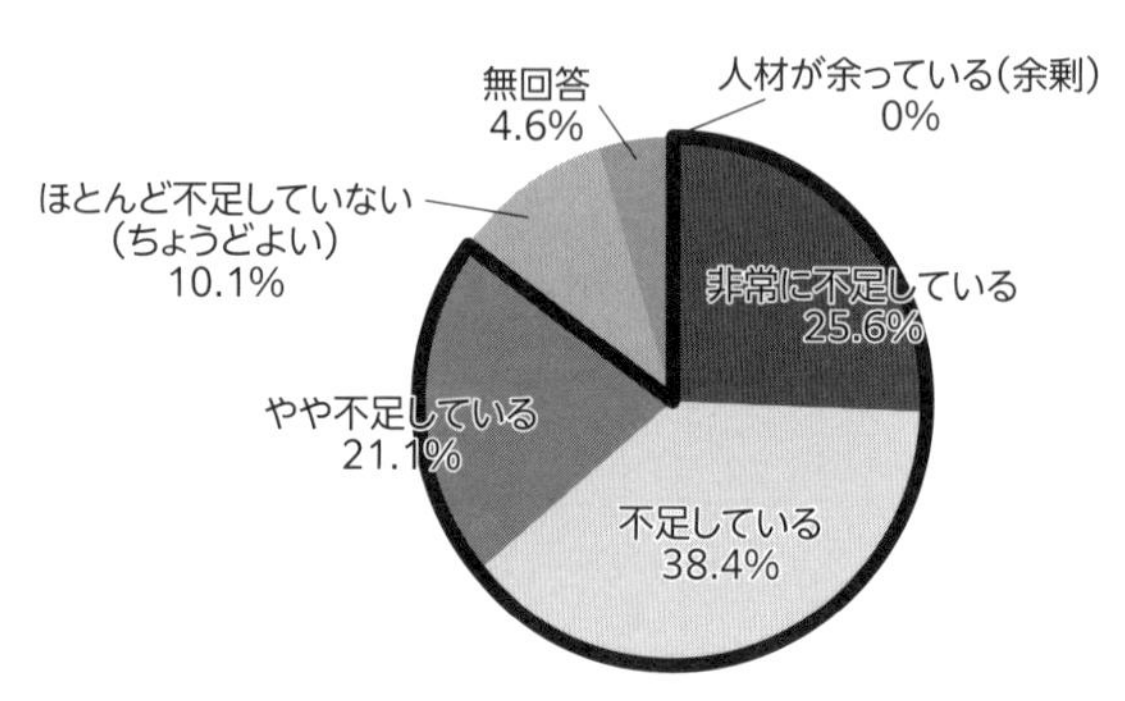

出典：全日本トラック協会調査

が想定される。

仮設トイレ特有の車両手配事情もある。同じく全日本トラック協会の調査によると、現在日本国内においてウィングボディ車の台数が増加しているとともに、平ボディ車の台数は減少傾向にある。ウィングボディ車は雨などによる荷物の濡れを防ぐことができるためさまざまな荷物の輸送に使用されている。しかし仮設トイレの輸送を考えた場合、新棟の場合は問題がないがすでに使用されたことのあるトイレは洗浄などの整備がされているとは言え、食材などを運ぶ可能性もあるウィングボディ車の使用は、臭いが付かないか、水漏れはしないか、どうやって積卸しを行うのか等の理由で敬遠されることが多い。

またウィングボディ車のサイズによっては最低でも高さが2m以上ある仮設トイレは積込みできないケースもある。このような事情もあり平常時の仮設トイレの輸送には平ボディ車が多く使われるが、ドライバーが不足している昨今では平常時でさえその手配が困難な場合もあるため、災害時はなおさら難しい状況になる。

ウィングボディ車

平ボディ車

このように災害時に仮設トイレがすぐに届かないのには、様々な要因が関係しているのである。

④仮設トイレを迅速に届けるための取り組み

それでは、これらの問題を解決する方法はないのだろうか。

1つ目の災害時の混乱についてだが、これに対応するには平常時の準備が重要となる。大規模災害になるほど救援物資は遠方から届けられる可能性が高まるが、ドライバーにとって普段乗り入れておらず土地勘がない、かつ被災して道路状況が把握できない地域では障害が多く輸送が滞ってしまう。輸送車両が通行可能な道路をいち早く把握し共有する仕組みが必要となる。自治体によっては災害時、小学校校区ごとに通行可能な道路を確認し情報を共有する取り組みを行うという。そのほかにも、内閣府は災害に関する状況認識を統一する必要があるとして、ＩＳＵＴ（アイサット：Information Support Team、災害時情報集約支援チーム）を立ち上げた。救助、避難所支援、道路啓開、インフラ復旧、物資供給、ボランティア活動などを効率よく的確に行うためには、機関・団体間の情報共有が重要と位置づけたのである。２０１８（平成30）年度にシステムの試行を重ね、６月の大阪府北部地震、７月の西日本豪雨、９月の北海道胆振（いぶり）東部地震での実災害適用を経て、２０１９（令和元）年より本格運用が開始されている。集約・共有する情報は震度分布、降水量分布、停電・通信途絶状況、道路通行可否状況、避難所状況、給水・入浴支援箇所等々多岐に渡る（出典：ＩＳＵＴホームページ）。

２つ目のトラックドライバーと仮設トイレ輸送車両の不足についてだが、ドライバー不足はトラック業界において労働環境改善が行われることが最も近道と考えられる。車両不足については、ウイングボディ車も利用できるよう以下のような点を解決することが鍵となる。

- 仮設トイレ本体と便槽を分けて積み込みを行うなど荷室の高さに対応させる。
- 臭いが荷室に付かないよう、また水漏れが発生しないよう、シートで覆う、便槽の内容物を確実に抜く等の作業を行う。
- 荷役（積込み・積卸し）の専門スタッフを準備する。

また、洋式仮設トイレや「快適トイレ」が全国に普及すればおのずと輸送距離も短くなるため、不足しがちな長距離トラックドライバーではなく比較的不足感が少ない短距離トラックドライバーに輸送を担当してもらうことができる。

(3)――仮設トイレを快適に保つために

①快適に保つための物資を用意する

無事に避難所に仮設トイレが設置された後は、快適に使用できる状況を継続することが大切である。必要なのは適切な管理と、トイレだけではなくその周辺備品を用意することだ。トイレに関連する備品としては以下を用意することが望ましい。

- トイレットペーパー
- 生理用品
- サニタリーボックス
- 手洗い用水、石鹸（せっけん）類
- ウェットティッシュ（手洗用水がない場合）
- アルコール等手指の消毒剤
- ペーパータオル
- ゴミ箱またはゴミ袋
- 防臭剤、消臭剤等、し尿の臭い対策のための薬剤

- 防虫剤、殺虫剤等、虫対策のための薬剤
- 掃除用の装備、洗剤等
- 照明器具（仮設トイレに付属していることもある）
- 照明器具用の交換用乾電池　等

（参考：内閣府「避難所におけるトイレの確保・管理ガイドライン」）

これら備品を収納しておく備品庫として、便器が設置されない空の仮設トイレを用意しトイレのそばに設置するとよい。また、臭いが発生しやすい簡易水洗式のトイレの場合、前項で述べた臭いや虫の発生を防ぐ防臭防虫剤の使用も有効である。

②仮設トイレには照明がない？

そして見落としがちなのが照明である。単体仮設トイレには照明設備がないこともある。通常建設現場では仮設トイレは主に工事が行われる昼間

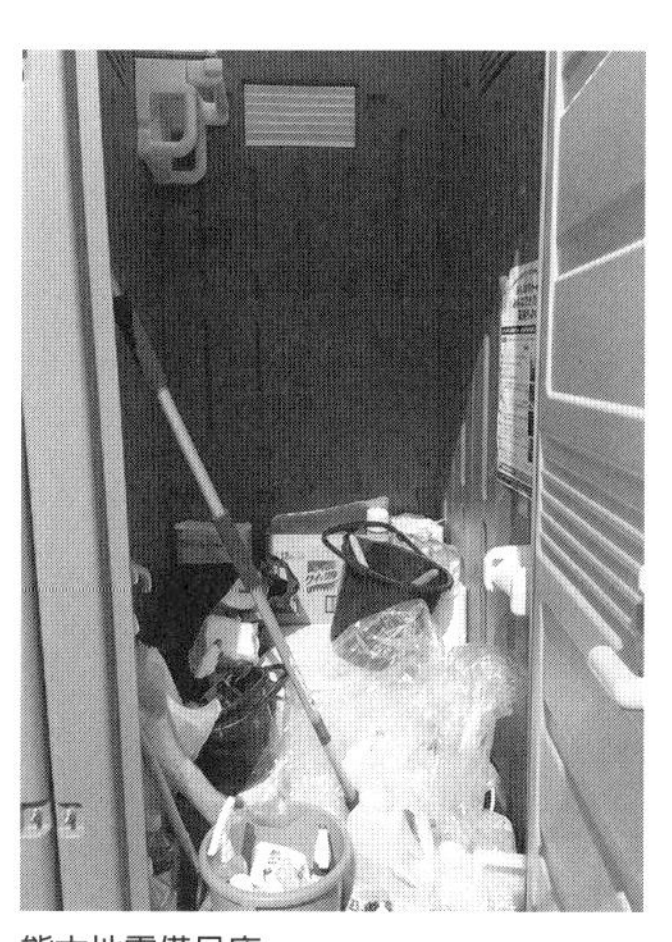

熊本地震備品庫

小照明

にしか使われない。乳白色の屋根で採光が可能なため照明を設置することは必ずしも必須ではないのだ。しかし避難所は生活の場所であるため、昼夜問わずトイレが使用される。トイレの室内はもちろん屋外に設置された仮設トイレまで安全に向かうために、動線上にも照明設備が必要となる。

最近では仮設トイレの室内用照明として乾電池で使用できるもの、人感センサーで点灯するものもあり、これらは被災して電力が使えなくなっても使用することができる。避難所に設置された仮設トイレには照明がないこともあるので、あらかじめこのような照明器具と予備の乾電池も用意しておく必要がある。災害トイレ研の調査によると、仮設トイレの照明に使われる電池は単1～単4まで幅広く、各種電池が用意できていると安心である。また、動線上の照明は発電機によって点灯させる道路工事の際に使用されるバルーン型照明が用いられることが多い。

③仮設トイレの清掃

トイレの管理は、使用者である避難者で男女混合のチームを組んで行うことが望ましい。避難所の管理者は食料・物資・避難者の状況把握等で忙しく、トイレの管理まで手が回らないことも多い。また、男性用トイレは男性が、女性用トイレは女性が清掃や管理を担当する

トイレ清掃員の性別に対する意識

同性清掃員に遭遇したときの抵抗度

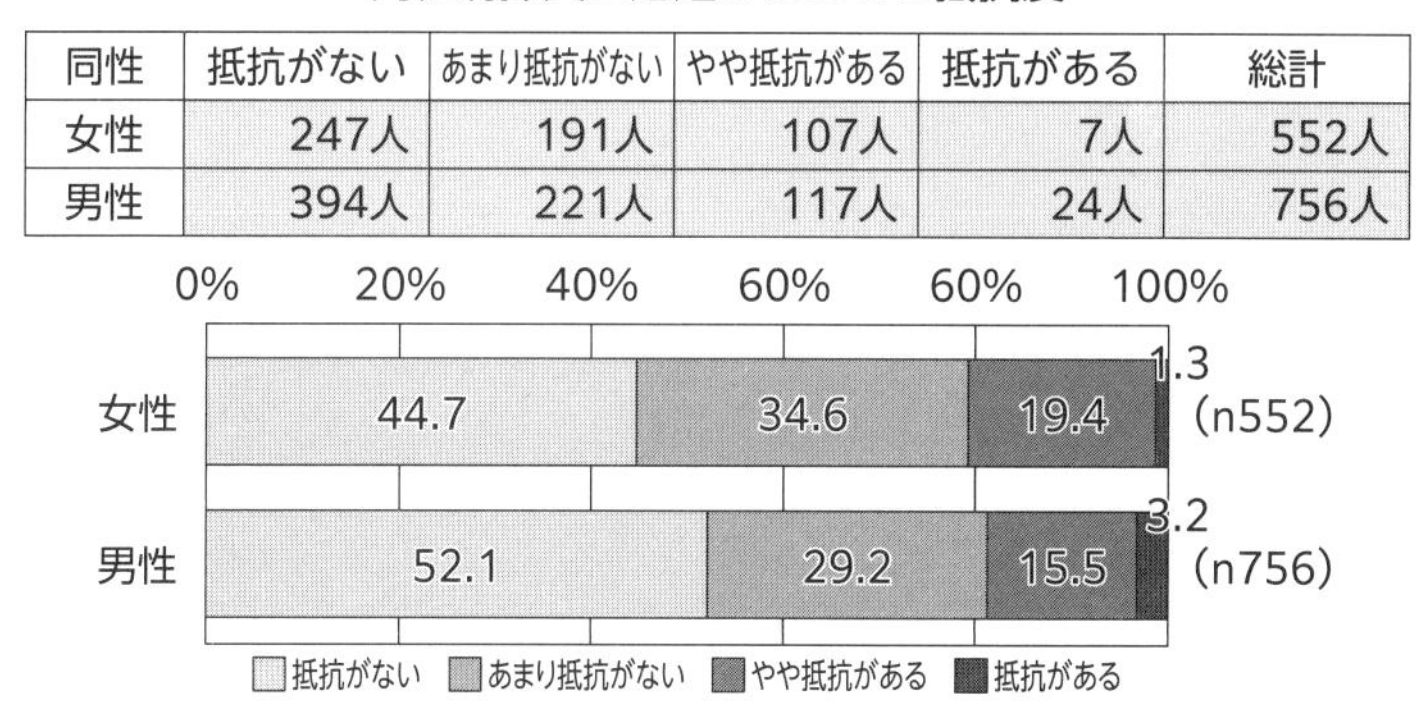

同性	抵抗がない	あまり抵抗がない	やや抵抗がある	抵抗がある	総計
女性	247人	191人	107人	7人	552人
男性	394人	221人	117人	24人	756人

異性清掃員に遭遇したときの抵抗度

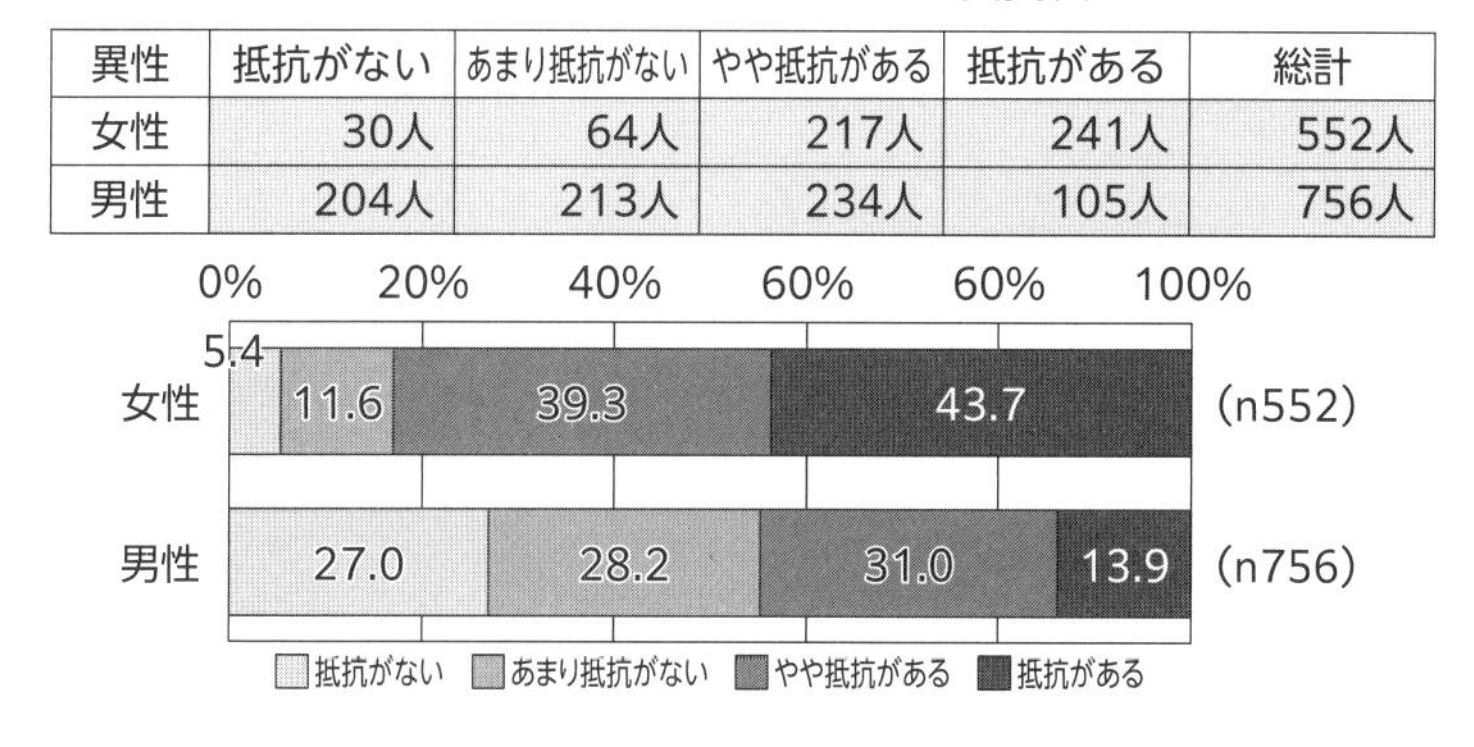

異性	抵抗がない	あまり抵抗がない	やや抵抗がある	抵抗がある	総計
女性	30人	64人	217人	241人	552人
男性	204人	213人	234人	105人	756人

出典：日本トイレ協会若手の会flush「公共トイレ清掃員の性別に対する意識調査」（2021年９月）

ことで使用する人にも安心感を与えることができる。

日本トイレ協会では「公共トイレ清掃員の性別に対する意識」を調査している。清掃員と遭遇した時の抵抗度は、同性清掃員に対して、男女ともに「抵抗がない」「あまり抵抗がない」と回答した割合は約80％だったが、異性清掃員に対しては「抵抗がある」「やや抵抗がある」と回答した男性は44・９％、女性は83・０％であり、男女で大きな差が見られた。女性と比べて異性清掃員への抵抗が低かった男性においても、同性清掃員よりも異性清掃員への抵抗を感じる割合の方が多かった。清掃やトイレットペーパーなどの備品、流すための水の補給などはチームでこまめに対応し、いつでも避難者が快適にトイレを使用できるよう清潔に保つ。

避難所における仮設トイレの清掃には、感染症対策が重要だ。慣れない避難生活によって避難者には疲労が蓄積し、その免疫力は低下しやすい。感染症を流行させないためにも適切な装備で適切な清掃を行うことが求められる。公益社団法人全国ビルメンテナンス協会では「避難所衛生マニュアル」を作成しており、このマニュアルは同協会ホームページで閲覧することができる。仮設トイレを清掃する際に必要な装備や、清掃手順が紹介されている。これはここ数年続いているコロナウイルス感染症拡大防止にも効果を発揮する（第２章コラム「清掃のプロが教える避難所トイレの清掃、維持管理のポイント」参照）。

（谷本　亘・熊本好美）

仮設トイレの清掃方法

STEP.1　マスク、手袋、袖つきガウン、靴カバー（使い捨て）を着用します。

衛生的に作業するため、着用してから作業を開始しましょう

STEP.2　便器内をトイレ用タワシで洗浄します。

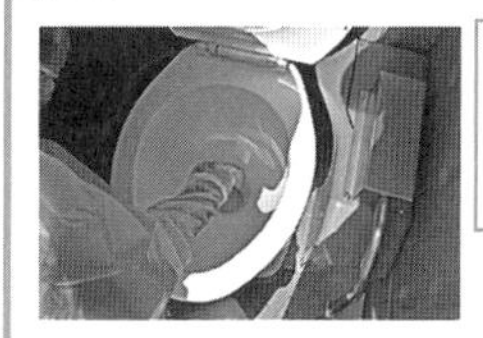

トイレ用タワシに洗剤をつけて使用しましょう

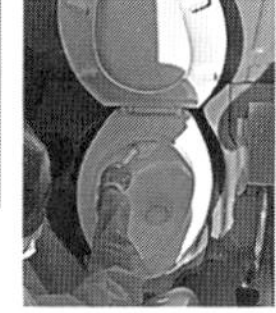

目の届きにくい箇所も忘れずに清掃しましょう

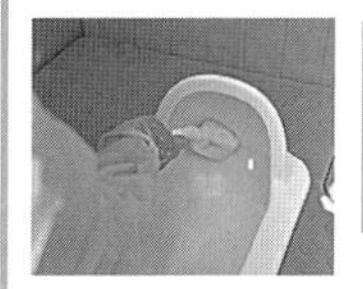

和式トイレの場合も同様に、便器全体を清掃しましょう

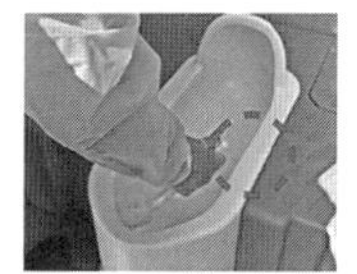

和式便器の縁の部分は靴で踏みやすいので、しっかり清掃しましょう

STEP.3　便器外面はタオル（ピンク）で水拭きします。
※アルコール含有ティッシュ（除菌ウェットティッシュ）など使い捨て製品がある場合は使用しましょう。

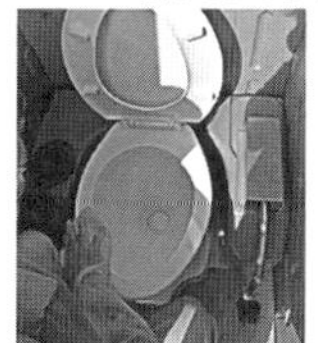

便器の外側は便器用タオル（ピンク色）で水拭きしましょう

出典：公益社団法人全国ビルメンテナンス協会「避難所衛生マニュアル」

３　仮設トイレのし尿処理について

仮設トイレをし尿の処理方式で分類すると、汲み取り、下水道、自己処理型の３種類となる。これらについて詳しく紹介して行く。

①汲み取り式

汲み取り式は、仮設トイレのうち非水洗式、簡易水洗式、水道直結簡易水洗式で用いられる処理方式である。これらのトイレでは洗浄水を含むし尿を便槽に貯え、一定量がたまったら専用のバキュームカーで汲み取り、し尿処理施設へ運搬して処理を行う。し尿を便器下の便槽に貯えておくと強烈な臭いや虫が発生し、トイレ室内もその影響を受けてしまう。近年日本国内、特に都市部での下水道施設普及により一般家庭等での汲み取りの需要は著しく減少した。

汲み取りの費用だが、トイレ１棟当たり１回の汲み取り費用で考えると、こちらも都市部に行くほど費用が高額になる傾向にある。後述するが、下水道普及率が比較的低い和歌山県では平均５０００円程度、下水道がほぼ１００％普及している東京都では平均９０００円程度となり、金額の差が大きいことがわかる。

②下水道式（浄化槽を含む）

洗浄水を含むし尿を排水設備を経由して下水道に接続し、終末処理施設で処理を行う。家庭や公共施設、商業施設等で使用されている「水洗式トイレ」も同様の処理方法となる。し尿がすぐに下水道で流されるため、臭いや虫の発生がない。

（公社）日本下水道協会の調査によると２０２０年時点で全国の下水道普及率は80・１％（下水道利用人口／総人口）となっているが、都道府県や地域ごとにばらつきが見られ、例えば東京都は99・６％なのに対し和歌山県は28・５％、徳島県が最も低く18・６％となっている。建設現場については下水道が整備されていないケースが多く、特に土木工事の現場は都市部であっても下水道に排水管をつなぐことのできる現場は数少ない。

バキュームカー

③自己処理型

バクテリアが生存する基材などが入ったタンクに排泄（はいせつ）を行い、し尿を微生物の働きにより分解・処理を行う。一般的に「バイオトイレ」と呼ばれるものがこれに該当する。

バイオトイレはトイレカーに積載されている例も多く、トイレカーは機動性に富むため、被災地にいち早く設置されることが期待される。

最近ではグレードが高い循環式トイレも開発されているが、そのシステムによりトイレのサイズが大きく、重量も1～2トンとなるため災害時に簡単に被災地へ運ぶことが難しい。したがって、平常時はたとえば公園等の常設トイレとして使用を行い、災害時にはインフラが被災しても使用できるトイレとして地域の住民が利用できるよう運用することが望ましい。

バイオトイレカー

（谷本　亘・熊本好美）

第4章

災害トイレの自助と共助

１　家庭での防災対策とトイレ

(1)――家庭の防災対策とトイレの自助

①災害用トイレの備蓄率は低い

防災用品と聞いて、みなさんが真っ先に購入を考えるのは非常食や水だろうか。

２０２０年に日本トイレ協会は災害用トイレの備えについてアンケート調査を実施した。各家庭における非常食、水の備蓄率は高く、〝やはり〟という結果を得ている。懐中電灯は72・３%、備蓄水は60%、非常食に関しては47・６%の家庭で備蓄しているものの、災害用トイレは19・５%で備蓄率は低く、未だ災害用トイレの重要性の認識が低い。このアンケートは３年ごとに実施しており、前回の２０１７年の備蓄率は15・５%だった。３年間で４%備蓄する人が増えたとも言えるが、非常食などの備蓄率から比べればまだまだ低い。

災害用トイレの備蓄状況

調査概要

調査期間	2020年9月29日～10月1日
調査方法	インターネットアンケート
調査対象	首都圏直下型地震、南海トラフ地震のエリアに住む20歳以上の男女 ●首都直下型地震エリア　1都3県 千葉県、埼玉県、東京都、神奈川県 ●南海トラフ地震エリア　6県 静岡県、愛知県、三重県、和歌山県、徳島県、高知県
回答者数	100人／県　計1,000人

Q　あなたやあなたの家庭では、災害用トイレの備蓄をしていますか

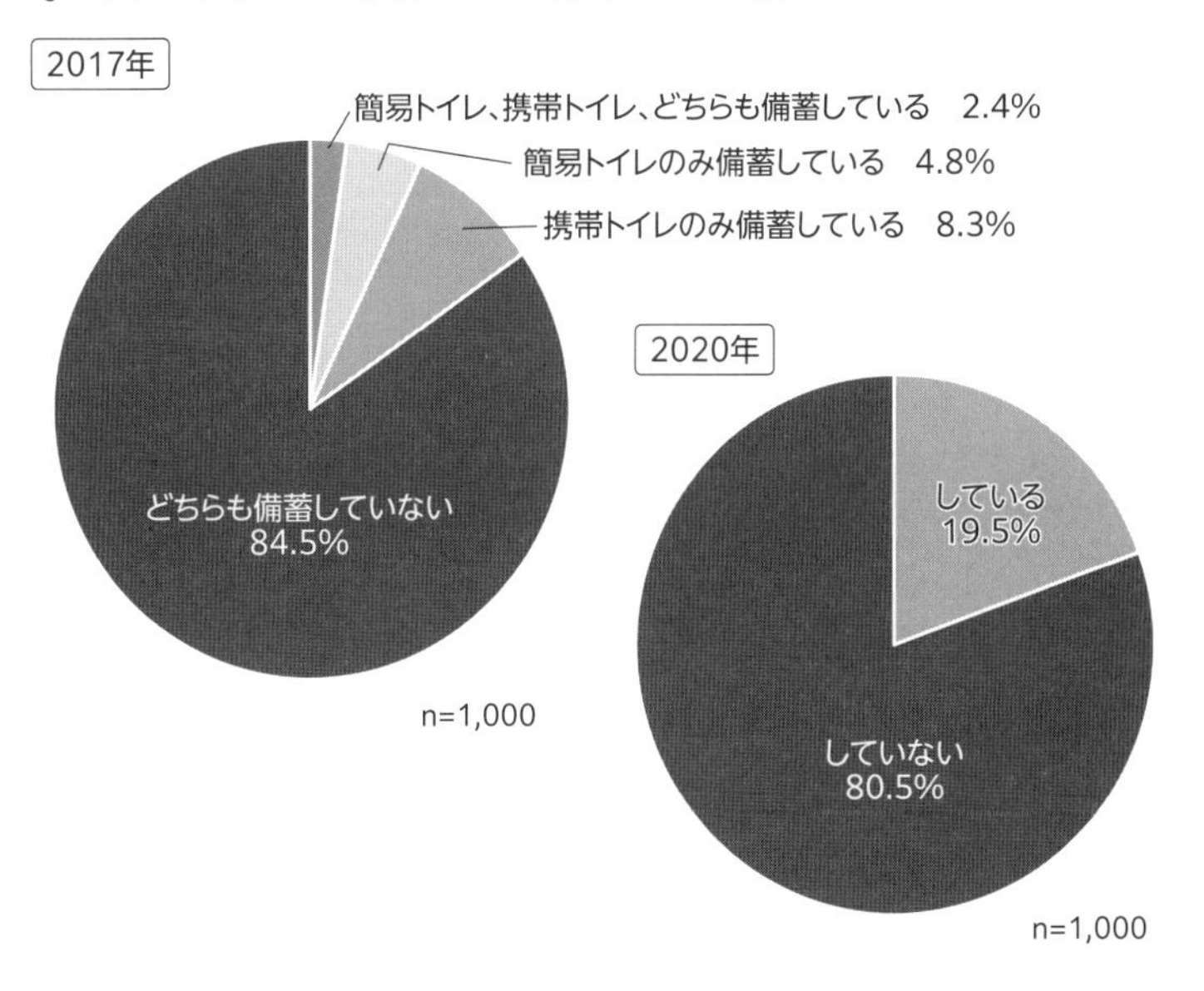

災害用トイレを備蓄している人は、2017年は15.5%、2020年は19.5%で、4ポイント増加

出典：日本トイレ協会災害・仮設トイレ研究会携帯トイレ分科会（EXECELSIOR、総合サービス、サンコー）調査

②災害が起きるとトイレはどうなるか

災害時にどれくらいトイレに困るのだろう。

水洗トイレは使えない

これはもう当たり前のことであるが、災害時には上下水道が使えなくなることがある。地震では揺れや液状化現象により、管自体の破裂、接手が外れることなどによって断水したり、下水道が使えなくなる。水害においても上下水道が使用できない状況が発生する。がけ崩れ等による管の破裂、浄水施設への瓦礫（がれき）の流入が原因である。

自治体では全住民が使えるほどの備蓄や準備はない

自治体では様々な種類の携帯トイレや簡易トイレなどの災害用トイレを備蓄している。後に説明をしていきたいが、問題は発災後にインフラが止まった長期間に全住民が使用できるほどの災害用トイレ備蓄の数量はないと断言できる。

トイレは待ったなし！

災害時にトイレが使用できなくなると、どれくらいトイレに行かずに我慢できるだろうか。

1時間？　半日？　1日？　トイレは1日5回から7回行くと業界では試算している。7回だとすれば2時間に1回はトイレに行っている計算になる。そう、いくら行政が災害対応してくれるといっても、発災後2時間以内にすべての家庭にトイレが行き渡るようにできるだろうか。答えは完全にNOである。

じゃ、立ちションだ!!

水洗トイレが止まったからといって、都会では空き地も少ない。この令和の時代に屋外排泄（はいせつ）をできるだろうか。女性は特に問題が深刻である。コンビニや公衆トイレが災害時にトイレを開放するといっても、水道が使用できなくては水洗トイレを使えな

災害時に備えた備蓄状況

Q　あなたやあなたの家庭では、災害時に備えて備蓄しているものはありますか（複数回答）

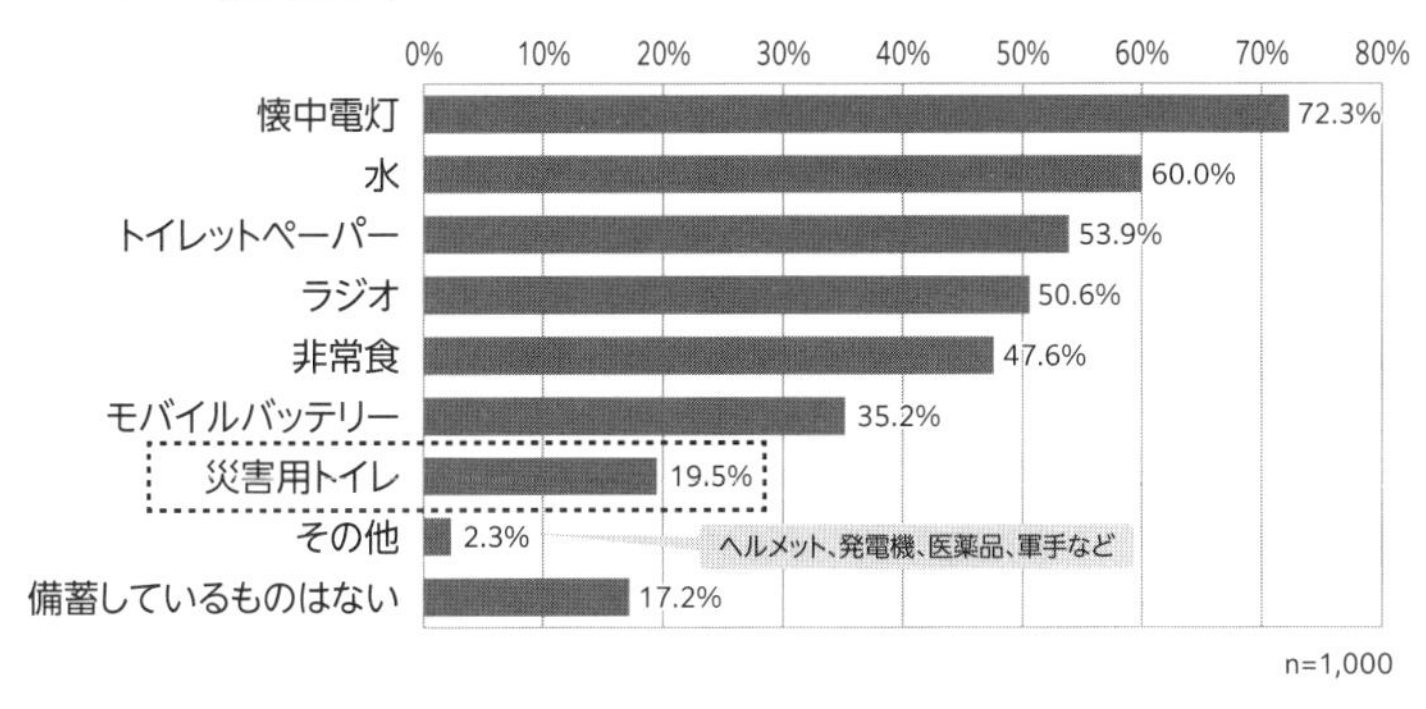

懐中電灯や水を備蓄している人が6割を超えるのに対し、災害用トイレを備蓄している人は2割に満たない

出典：日本トイレ協会災害・仮設トイレ研究会携帯トイレ分科会（EXECELSIOR、総合サービス、サンコー）調査

いのである。

③トイレの自助が大事

このようなことから、災害時に備えた携帯・簡易トイレの備蓄が推奨されている。まずは「自助」である。トイレは行政（共助や公助）で行うものであると漠然とした感覚を持っている人が多いと思うが、それでは思考停止状態である。食べれば出る。出口を確保しなければ、後始末は大変なことになる。

では、携帯・簡易トイレはどれくらいの量を何日備蓄すればよいのであろうか。まず、大きな災害の場合は、３日間は混乱が起こり、救援物資も届かない。しかし、首都圏直下地震や南海トラフ地震、スーパー台風など、これまで私たちが経験をしていない大規模な災害では予想や想定を超える被害が起こりうる。日本トイレ協会では、最低でも１週間ほどの備蓄を推奨している。もっとも、備蓄数量は多ければ多いに越したことはない。

それでは、どんな携帯・簡易トイレの種類をどこで購入すればよいのか。この課題については、のちほど取り上げたい。

(2)――地域や自治会で取り組むトイレの共助

①長期戦に備える

トイレの自助で忘れてならないことは、長期戦になる恐れがあるということである。上下水道の完全な復旧にはかなりの時間を要する。東日本大震災時に液状化現象が起きた浦安市では、トイレの完全復旧までには2か月を要している。

携帯・簡易トイレを各家庭で備蓄することを推奨したが、さすがに数か月分の携帯・簡易トイレを備蓄することはできない。ある程度の期間を自助で対応できれば、仮設トイレやマンホールトイレの出番になる。前章でも紹介したが、国土交通省では災害用トイレの充足イメージを図のように表している。

トイレの充足度のイメージ図

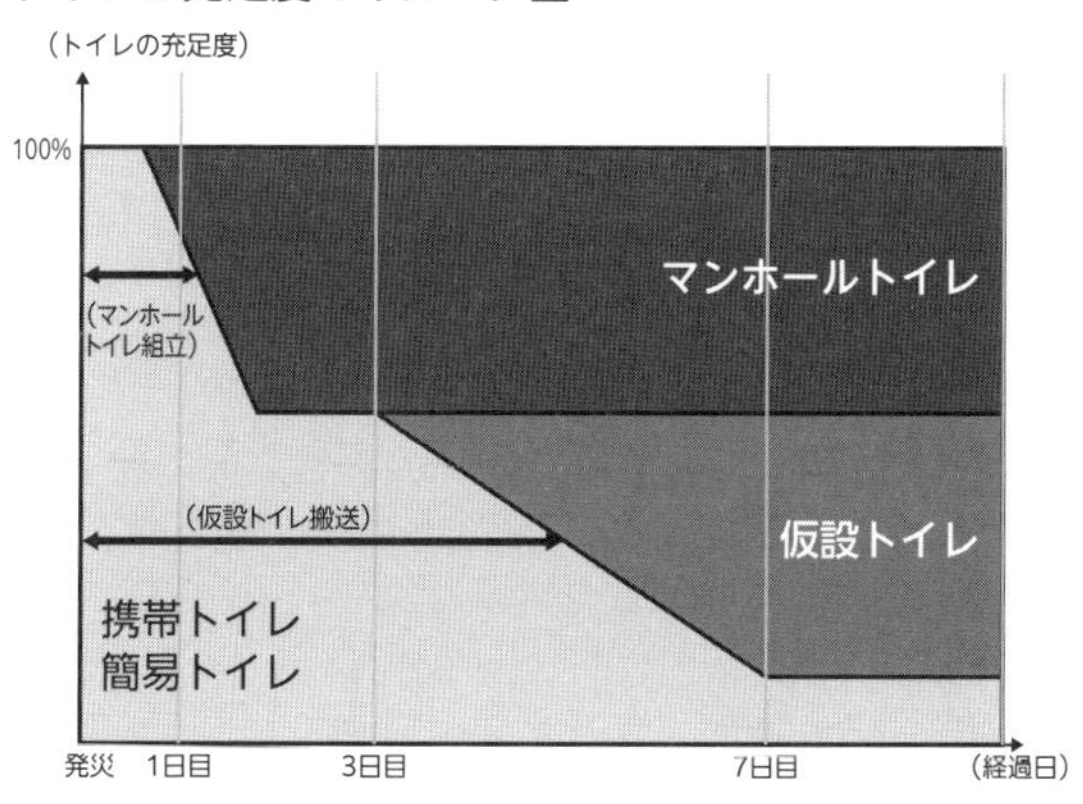

出典：国土交通省「マンホールトイレ整備・運用のためのガイドライン」

発災後なんとか1週間を乗り切れば、マンホールトイレや仮設トイレなどが避難所や公園などに設置される計画である。

マンホールトイレの準備

そうか、マンホールの蓋を開ければ、トイレができるのか！　そういえばドラマやアニメではマンホールの蓋を開けて逃げるシーンを見たことがある！　と思った人もいるかもしれないが、現実はそう甘くはない。マンホールの蓋は簡単に開かないようにできており、専用の治具（道具）がないと開かない。水害時にマンホールから噴水のような雨が逆流し、噴き出している動画をニュースなどで見たことのある人もいるだろう。そのように簡単に開くようになっては、水害時や大きな車両が通った時に蓋が空いてしまい、危険な状態になってしまうためである。このようなマンホールトイレの設置の仕方を地域で自治体と連携し、事前に学習や訓練をしておくことが大切である。

仮設トイレ

前章で仮設トイレについて触れられているのでここでは省略するが、地域や自治会では仮設トイレの管理方法や掃除のやり方などについて、事前に自治体と協議して連携をとっておくことが重要となる。トイレットペーパーなどの消耗品の備蓄状況を確認するのも大切である。紙がなくてはトイレが完結しないのだ。

②共助のための備え

災害は、何よりも備えあれば患いなしである。災害時に生き残れるかは平時の準備でほぼ決まる。そのうえで事前の準備として大切と思われる点に言及したい。

■地域の災害用トイレの情報を把握する

避難所での携帯・簡易トイレやマンホールトイレの備蓄数を把握しておくことは大切だ。避難所や公園によってはマンホールトイレ用の穴と配管を備えているところもある。一体、自分の住んでいる地域でどれほどのトイレが備蓄され、誰が防災倉庫のカギを持ち、どのように使用するのか。また、トイレだけの問題ではないが、もしも平日の昼間に災害が起きると地域にいるのは小さい子どもや小中学生と高齢者が多いという状況が想像される。地域の災害救出、復旧ではこうした人たちが主体となる。ある地域では中学生を災害時の普及や救助の主力にするという。現実を踏まえたうえでのより具体的な計画を練り、できれば地域で災害備蓄品担当、災害用トイレ担当を設置し、普段よりこの課題に関するシミュレーションと訓練を行うことが大切である。

災害用トイレを実際に使ってみる！

日本トイレ協会では、実際に災害用トイレを防災訓練などで使用することを推奨している。アンケート結果では、携帯・簡易トイレを購入している人の中で実際に使ったことがある人は13・8％とかなり少ない。全体では２％くらいの方しか携帯・簡易トイレを使用したことがないということである。ある自治会では、防災訓練をキャンプ的にお泊り訓練として実施し、実際に災害用トイレを使用している地域もある。

携帯・簡易トイレのメーカーを育てる意味でも、より良い製品が生き残る

災害用トイレの使い方

Q　あなたが備蓄している災害用トイレの使い方を知っていますか
※災害用トイレを備蓄している人のみ回答

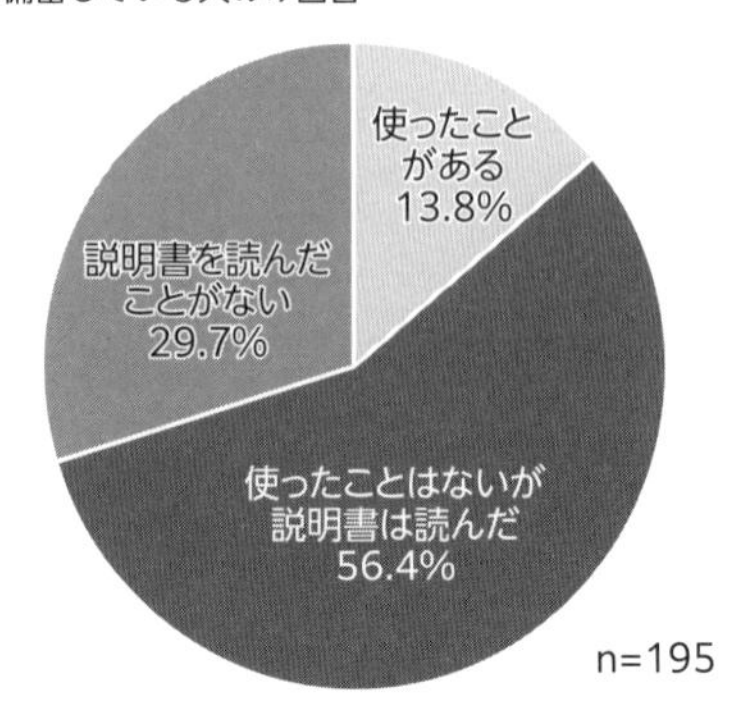

実際に使ったことがある人は、１割程度
説明書を読んだことがない人も、約３割いる

出典：日本トイレ協会災害・仮設トイレ研究会携帯トイレ分科会（EXECELSIOR、総合サービス、サンコー）調査

ためにも、機会があれば携帯・簡易トイレを積極的に使ってみてほしい。

また、マンホールトイレも、たとえばお祭りや盆踊り、運動会など地域のイベントで設置して使ってみるのはどうであろう。

このように日常の中に災害を想定していくことが共助では何よりも大切であることをこの項の結びにしたい。一人では行動を起こすきっかけはなかなか作りづらいが、地域の人々と一緒に実際に使ってみることは、いざという時に何よりも役立つ訓練となる。


（足立寛一）

コラム

「ライフスポット」としての雨水貯留のススメ

災害で断水したとき、ライフラインの中でも水道の復旧には時間がかかる。地震災害での最大断水日数は、阪神・淡路大震災で90日、東日本大震災では津波被災地区を除いて約５か月、熊本地震では約１か月、大雨災害でも２０１１（平成23）年の新潟・福島豪雨は２か月以上にもなった。

人間が生きていく上で必要最低限の水分量は２・５～３ℓとされる。これは食べ物から摂取する量も含むので、飲料としての水は１・５～２ℓである。災害時のための備蓄量としては一人１日３ℓが推奨されている。おおむね３日分、できれば５日分といわれており、水汲みが大変な高層マンションなどでは１週間～10日分の備蓄が推奨されている。しかし生活に必要な水は飲み水だけではない。水洗トイレの洗浄水はもとより、体を清潔に保持するための水（洗顔、歯磨き、風呂）、生活環境の衛生を維持するための水（洗い物、掃除、洗濯）などが必要である。

東京都水道局によると、一般家庭での一人当たりの水使用量は、２０１５年度（平成27年度）では１日平均約２１９ℓ（２ℓペットボトルで１１０本分）にもなる。断水したら給水車などで給水活動が行われるが、給水の目安は一人１日10～20ℓ、長期に断水する場合は１００ℓが目安とされている。過去の災害でも飲み水に困ったということはほとんどないが、調理や洗濯などの水に困ったという話はよく聞く。

近年は豪雨で市街地の排水能力が追いつかず浸水する「内水氾濫」が増えている。そこでできるだけ雨水を貯めて活用しようという法律（雨水の利用の推進に関する法律）が２０１４年５月に制定されている。法律の目的は、雨水利用によって水資源の有効な利用を図るとともに、下水道や河川への雨水の流出抑制を図ろうというものである。法律は国や自治体の建物で雨水利用を進めることや民間への助成などによって雨水利用の推進を図ることを定めている。雨水利用の先進都市である東京都墨田区では、一定面積以上の建物には雨水利用を義務づけている。区内の東京スカイツリー、区役所、江戸東京博物館などの大規模施設の地下には千トン以上の雨水タンクがあり、水洗トイレや雑用水として使われている。

　雨水利用は防災にも役立つ。墨田区は道路が狭隘（きょうあい）な地域で、初期消火や災害時の生活用水に利用することを想定して、雨水を貯留して手押しポンプで汲（く）み上げる設備を設置している。

　家庭用の外付けの雨水タンクは、１００～２００ℓくらいの容量のものが市販されている。災害時の水源として役立つ。雨水は屋根から雨（あま）

家庭での水の使われ方

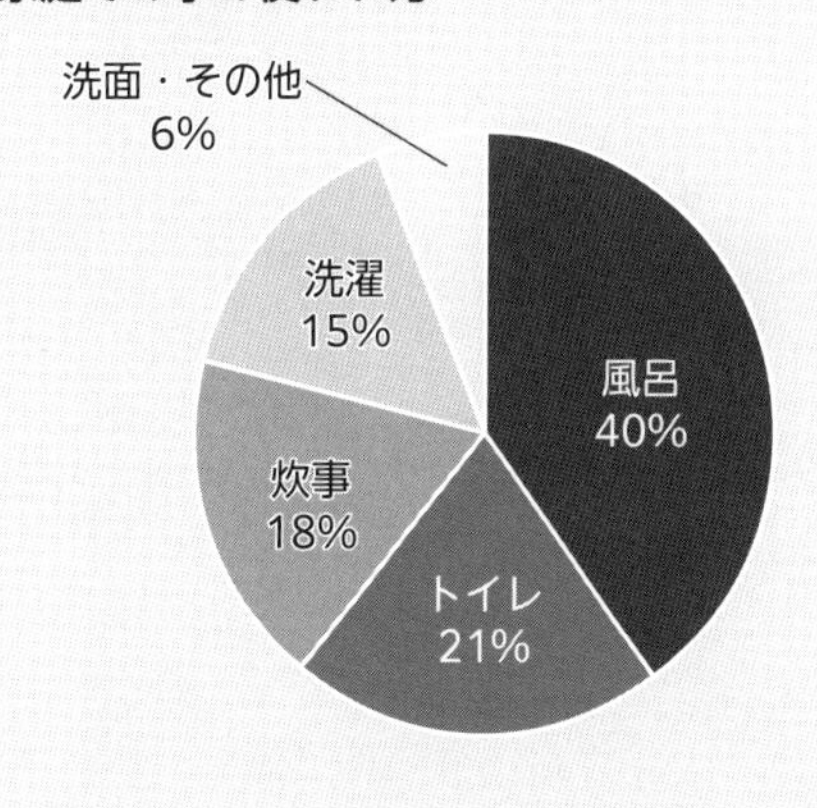

出典：東京都水道局「平成27年度一般家庭水使用目的別実態調査」

樋を通して集水するので、屋根の汚れが入る。しかし雨水そのものはきれいなので、降り始めの雨をタンクに入れないようにして集めれば、非常にきれいな水がとれる。ちなみに雨水は大気中の二酸化炭素を含むほかは蒸留水に近く、カルシウム分を含まない超軟水で、洗濯に使うと少量の洗剤で泡立ちがよい。落ち葉などの有機物が入らないように貯留すれば、簡単な濾過をして煮沸することで飲むこともできる。水洗トイレにも利用することができる災害時の非常用として、雨水利用をお勧めしたい。

（山本耕平）

雨水タンク（容量は200ℓ）

2 ― 災害が起きたらどう対応すべきか

(1) ―― 水洗トイレが使えなくなったときの対処の仕方

災害時には断水をして、水洗トイレが使えなくなる。その時、どうすればよいのだろうか。一番重要なのは「使わないこと」である。冗談を言っているのではなく、家庭でも職場でも断水状態が1か月続くとする。もし間違って使ってしまい、水洗トイレの溜水(たまりみず)に排泄物(はいせつぶつ)がプカプカ浮いていたらどうなるだろうか。しかも夏場の暑い日だったらどうなるか。家やオフィスの中には悪臭が漂い、充満するであろう。よって、何よりも間違って使用しないことである。まずはごみ袋でもレジ袋でもよい。便器にビニール袋を覆い、ガムテープなどで固定をしよう。携帯・簡易トイレの備蓄がない人でも、まずはそうするしかない。

【携帯・簡易トイレの備蓄がない場合の対処法】

だからあれほど備蓄をしておくようにと言ったのに、と書くと終わってしまうので緊急対処法をお伝えする。

水を流す！

流れなくなった水洗トイレにバケツやペットボトルで水を流せばよいと考える方もいるだろう。２ℓくらいの水で見た目は目の前から排泄物が消えてなくなっているように見えるが、実際には管の途中で止まっている。次から次に排泄物が流されて来れば、当然管の中で詰まる。水洗の節水式でも５ℓくらいの水を使って流している。最低でも５ℓの水がなければ本幹までは排出できないのである。

ビニール袋＋新聞紙

断水した便器にごみ袋を敷いた後には、新聞紙などをちぎって入れておくことにより、とりあえず小便の水分は保水し、シャバシャバの状態を何とかできる。しかし、昨今はごみ袋が有料化されている自治体も多く、新聞を購読していない家庭も多い。ひと昔前には当然のように家庭にあった即席災害用トイレの原料は、ますます入手しにくくなっている。

猫砂

猫砂ということもよく聞く。猫や犬は人間に比べ比較的小便の量が少ない。それを前提として作った製品で、人間の排泄量を充分処理できるだろうか。これも応急処置であろうと思われる。

大人用おむつ

吸水という観点では、現実的には比較的良いと思われる。しかし、ごみの容量が大きくなる。断水したトイレにオムツを敷いて使うことも考えうる。

よって、いざということ時に生き抜くために、⑵で詳しく紹介する携帯・簡易トイレの備蓄を推奨したい。

⑵——簡易トイレ、携帯トイレの使い方

①簡易トイレの使い方

家庭で使える災害用トイレには、携帯トイレと簡易トイレがある。簡易トイレとは写真のよ

うに便座を備えたものである。便座は、ダンボール製、プラスチック製、金属製と様々である。

便座は簡易トイレや既設トイレを用いて、袋の中に排泄物を凝固させるものを総称して携帯トイレと呼ぶ。

簡易トイレの組み立て方法はメーカーにより様々である。本体の箱を組み立てたうえで、便座面を置くものや、便座面も一体となったものもある。便座面が段ボールであったり、プラスチック製であったりもする。プラダンと呼ばれる素材で作っているものもある。家が倒壊し、家のトイレも使用できなくなった場合は、簡易トイレも有効である。

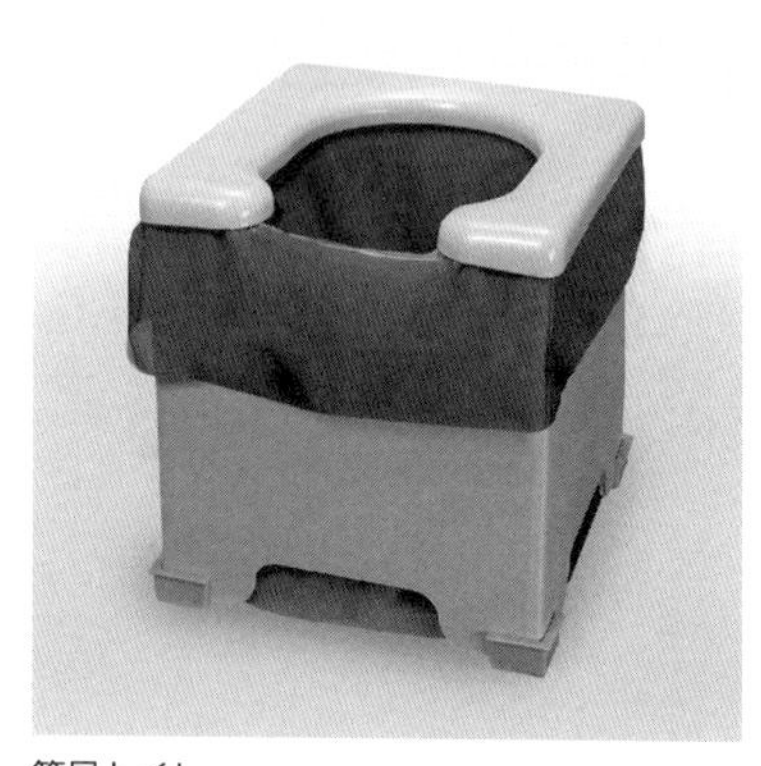
簡易トイレ

【使用方法】

① 簡易トイレを組み立てる。
② 簡易トイレ本体にビニール袋を敷く。
③ 排泄をする。

④　同梱の処理剤を振りかける等する（詳細は②携帯トイレの使い方）。
⑤　処理後の便袋を縛る。

②携帯トイレの使い方

携帯トイレは大別すると次の3種類に分けられる。

（ア）凝固剤（粉末）

このタイプの携帯トイレはかなりの種類が普及している。断水した水洗トイレにビニール袋を敷き、その後に排便。その上から凝固剤（粉末）を振りかける。凝固剤の量もメーカーにより違う。気をつけなければいけないのは、より少ない量の凝固剤で済むタイプはコンパクトに見えて備蓄には適しているように見えるが、はたして排泄量をちゃんと固められるかということである。

もう一つ重要なのは、凝固する期間である。災害時にはごみの収集が回復するまでかなりの日数を要する。少なくとも1か月以上は凝固した状態が保てなければ条件を満たさないと言い切れる。

凝固剤

最近ではかなり安価なものもあるが、一部の製品は凝固剤の性能が悪く、数日で凝固が溶解する。凝固剤の多くの用途はオムツや生理用品であり、オムツや生理用品は使用後１週間もすれば廃棄するので、凝固剤の多くはそれほど長期間にわたって凝固を保ち続けられない。この点も商品を選ぶポイントなるであろう。また、使用後のトイレットペーパーは凝固剤を振りかけるのに邪魔となる場合があり、別途の廃棄も必要となる。

【使用方法】

① 断水した便器にビニール袋を敷く。
② 排泄をする。
③ 同梱の処理剤を振りかける。
④ 処理後の便袋を縛る。

シート型

（イ）シート型

原理はオムツと一緒であり、不織布に凝固剤がサンドしてあるものである。1シート当たり1回使用のもの、複数使用できるものがある。長所は排泄前に便器に仕掛けるので排泄後は容易に片づけができること。トイレットペーパーもそのまま投入できる。シート型には使用後防臭チャック袋がついているものがあり、ごみ収集時まで衛生的に保管できる。

【使用方法】

① 断水した便器にシート型携帯トイレを設置する。
② 排泄をする。
③ 処理後の便袋を縛る。

（ウ）タブレット型

処理剤がタブレット（錠剤）になっているものであり、排泄前に便器にごみ袋などを敷き、そこにタブレット（錠剤）処理剤を投入する。タブレットは小便の水分で十数秒で崩壊し、おが屑（くず）のような粉末状に変化する。

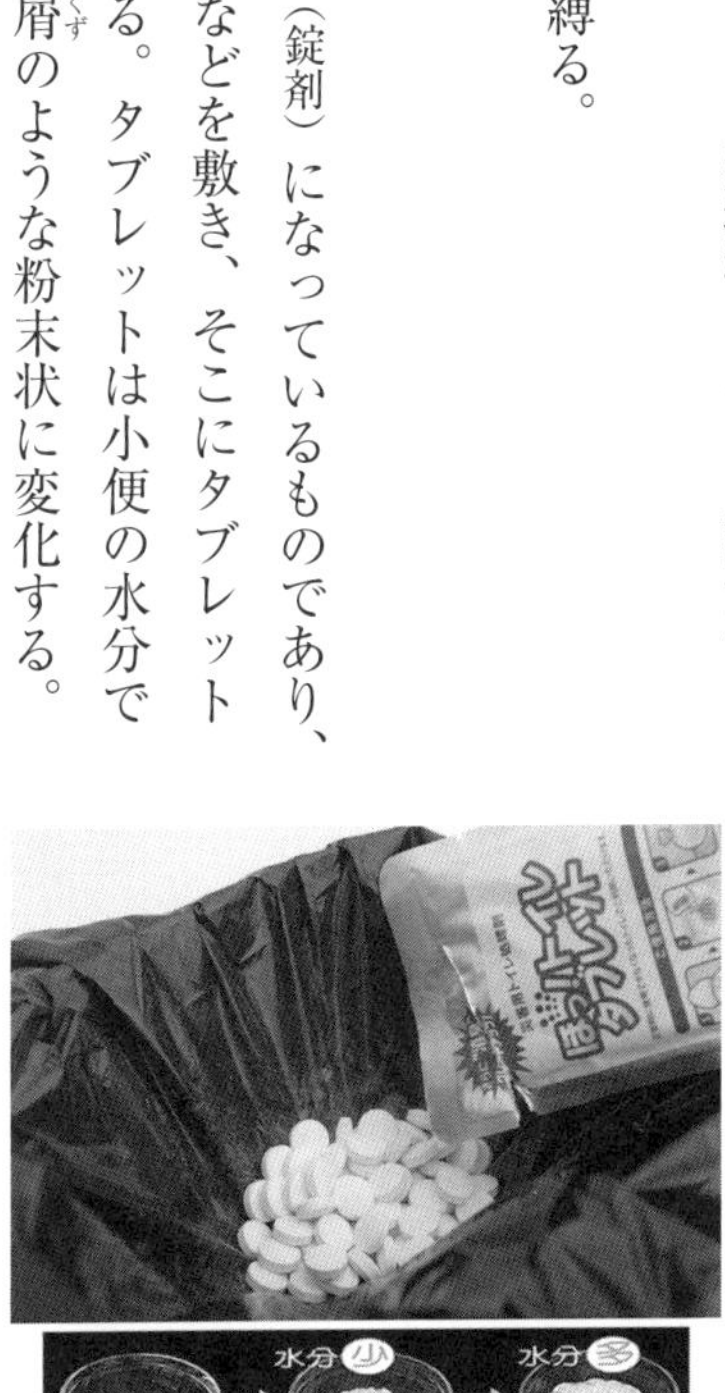

タブレット型

処理後にごみ袋を取り上げるとこの粉末が排泄物を包み、消石灰をはじめとする除菌・脱臭成分で排泄物を除菌脱臭する。一袋あたり数回の小便も処理できる。

【使用方法】

① 断水した便器にごみ袋を敷き、タブレット型処理剤を入れる。
② 排泄をする。
③ 処理後の便袋を縛る。

（エ）ポンチョ付き

携帯トイレにポンチョ、簡易便座、ティッシュペーパーが一体となったものもある。帰宅困難となった場合や避難所までの道のりで使用できる利点がある。コンビニや公衆トイレなどが使用できない場合に、最後の手段としてポンチョでも排泄できる。女性にとっては大切なことかもしれない。

ポンチョ付きの携帯トイレ

【使用方法】

① キットの中にある型枠とビニール袋で簡易的な便座を作り、タブレット型処理剤を入れる。

② ポンチョをかぶり排泄をする。

③ 処理後の便袋を縛る。

③携帯トイレ、簡易トイレの購入方法

携帯トイレ、簡易トイレは、ホームセンターなどの小売り店やネット通販などで購入できる。アンケート調査の結果でも、ホームセンターやインターネット通販が購入先の上位を占めている。

調査では、購入の動機は「不安だから」「テレビで紹介していたから」などが挙げられている。東日本大震災をきっ

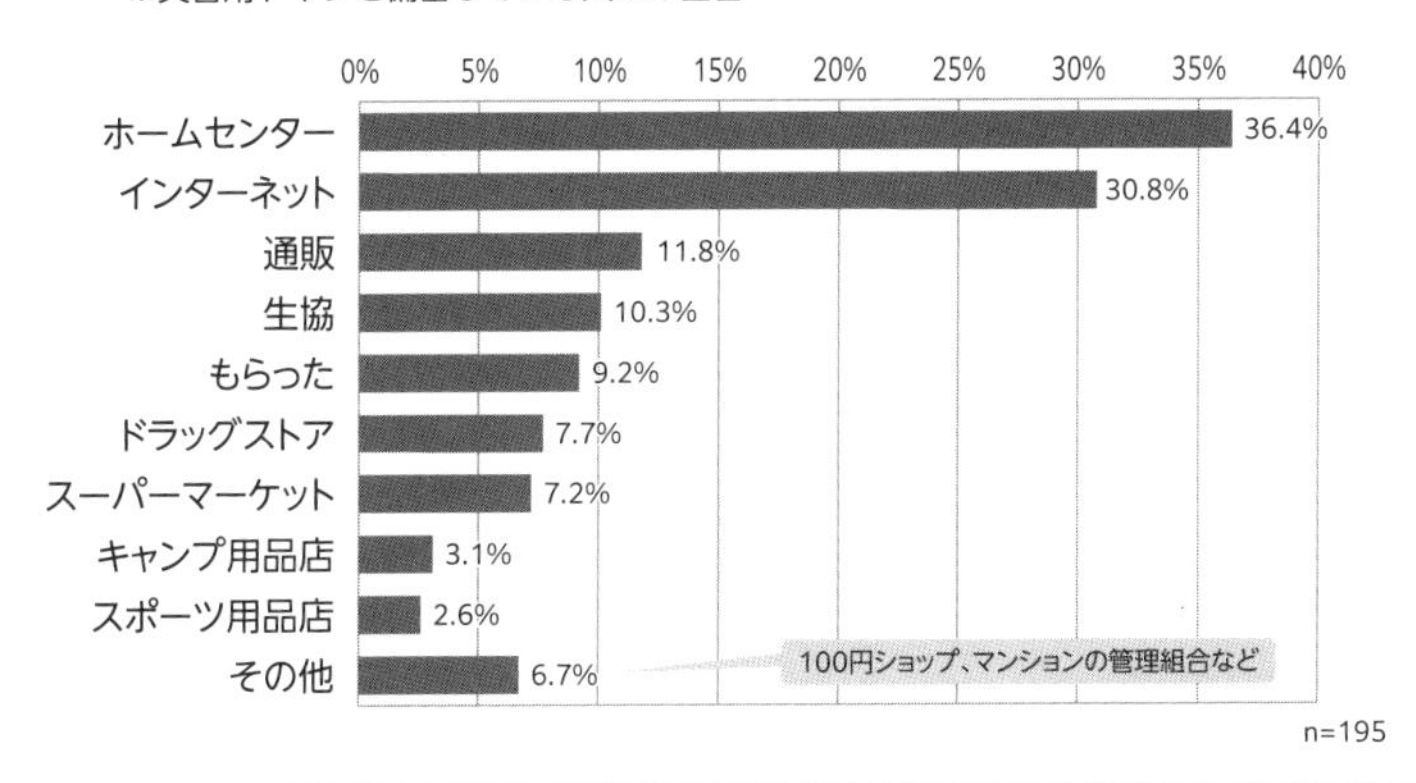

出典：日本トイレ協会災害・仮設トイレ研究会携帯トイレ分科会（EXECELSIOR、総合サービス、サンコー）調査

かけにと回答した人が多く、トイレに関する意識も大きな災害がきっかけとなっていることがわかる。購入数（備蓄数）は、１個〜10個が圧倒的に多いが、３日間、１週間を災害後に過ごしていくことを考えると少ない。

(3)――携帯・簡易トイレの処理後便袋の処理

実は、携帯・簡易トイレの処理後の便袋の処置をどうするかは大きな課題である。地域や自治会でこの点を事前に自治体とも協議することが大切である。

携帯・簡易トイレの処理後の便袋は膨大に発生する。たとえば、家族３人が１か月、排泄物を貯め続けると、どれくらいの量になるか。

バケツ一杯？　ポリタンク一杯？　答えは、風呂の浴槽一杯分となる。排泄量は、１回２００㎖〜３００㎖。１日５回の排泄×家族３人の１か月量は、１１２ℓ（お風呂の浴槽１杯分）。もしも水洗トイレが１か月使えずにこれだけの便袋が貯留すると考えるとぞっとする。

各家庭でこれだけの量が発生する。ごみの収集でも近所で騒動になる場合があるが、相手は排泄物である。携帯・簡易トイレの処理後の便袋の問題は、共助における最重要課題ともいえる。また、水道の回復が遅れれば、手も洗えず、当然風呂にも入れない。衛生問題は大

災害用トイレの備蓄理由ときっかけ

Q　災害用トイレを備蓄している理由としてあてはまるものをすべてお答えください（複数回答）
※災害用トイレを備蓄している人のみ回答

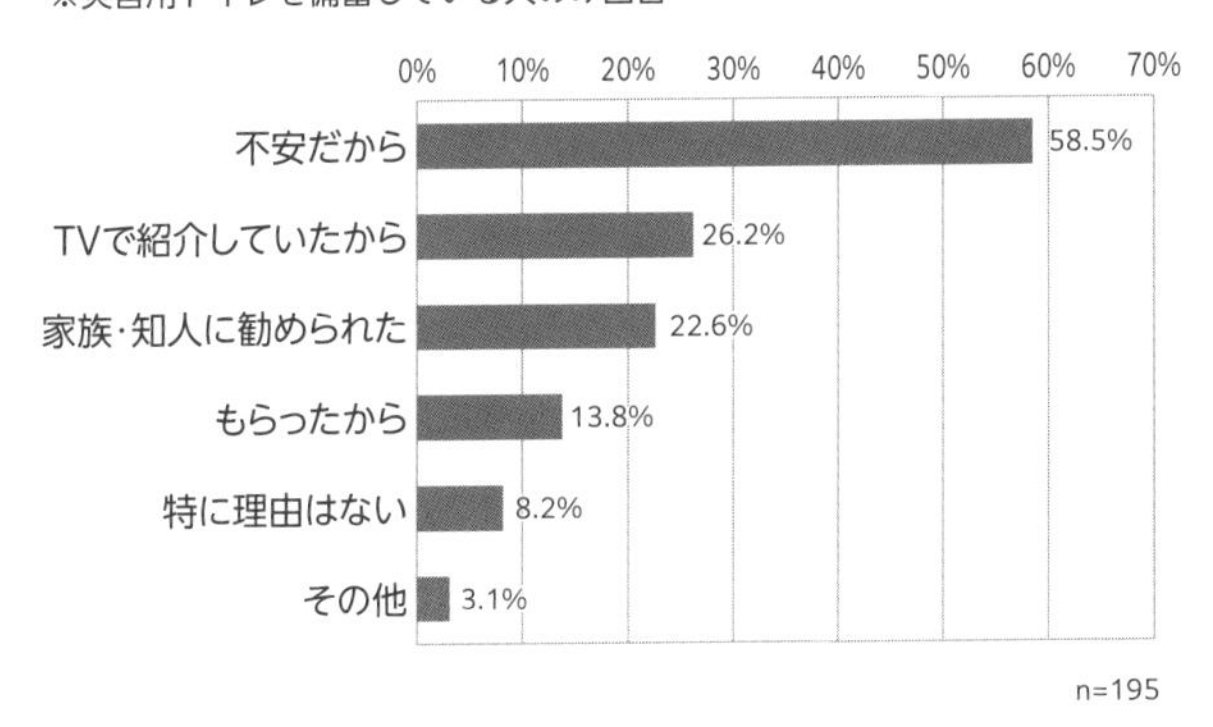

Q　災害用トイレを備蓄するようになったきっかけは何ですか
※災害用トイレを備蓄している人のみ回答

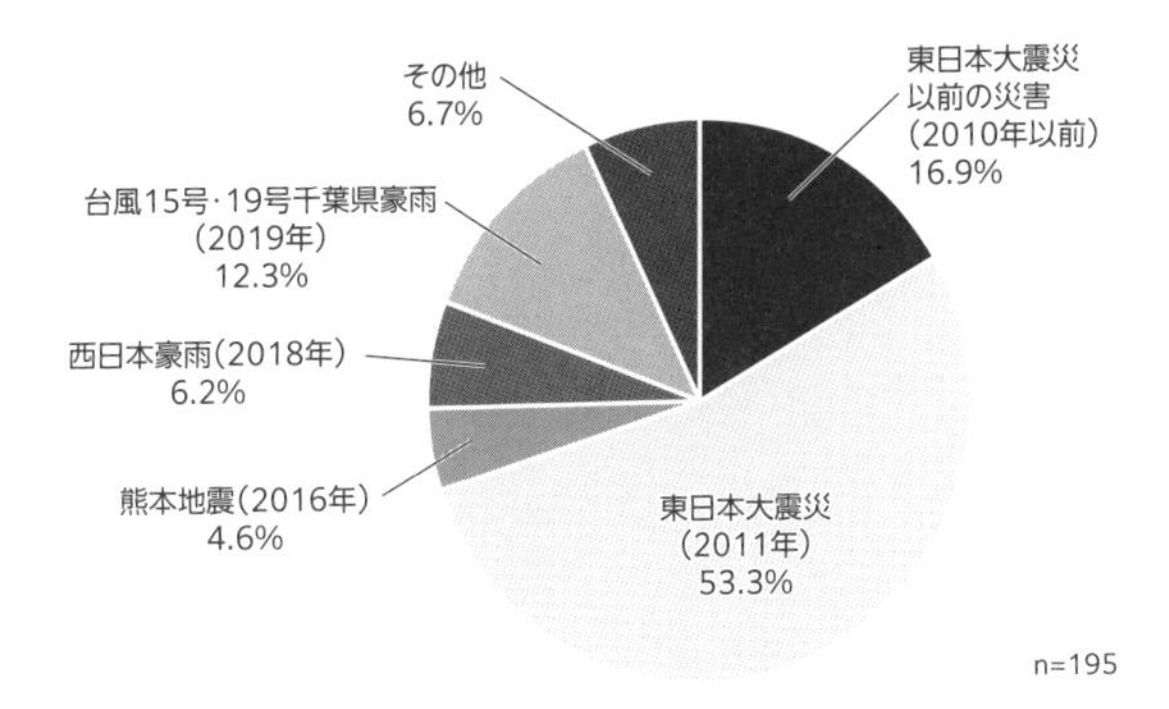

東日本大震災以降に不安を感じ、災害用トイレを備蓄し始めた人が多い

出典：日本トイレ協会災害・仮設トイレ研究会携帯トイレ分科会（EXECELSIOR、総合サービス、サンコー）調査

きい。感染症も起こるかもしれない。
処理後の便袋の処理方法は自治体によって異なるので、この点は各地域、自治会でしっかりと自治体と検討をしていく必要を強調したい。

（足立寛一）

3 マンションのトイレ防災

(1)――災害時にマンションのトイレで起こること

①マンショントイレの特殊性

マンションの排水設備の特徴は、図に示すように、戸建住宅と異なって、各住戸の排水管が上下階や隣の住戸とつながっていることである。さらに、建物から出た排水管は、敷地内で合流し、下水道本管に接続される。したがって、この排水系統のどこが損傷したかによって、トイレ洗浄水を流せる住戸と流せない住戸が決まってくる。

損傷した配管の上流系統の住戸では、トイレ洗浄水を流すことができないが、損傷のない系統では、トイレ洗浄水を流すことができる。居住者の合意が得られれば、損傷のない系統の住戸のトイレを使わせていただくことが検討できる。東日本大震災の際、複数棟が建つ浦安のマンションで、設備の損傷を免れた棟の居住者が、設備の損傷を受けた棟の居住者に自宅のお風呂を提供した事例も報告されている。棟によって損傷の程度は異なるのである。

マンションの排水管系統図の一例を図に示す。図には、汚水槽、ディスポーザ処理槽、雨水槽が記載されているが、これらの設備の有無は、マンションによって異なる。

汚水槽の排水は、ポンプを用いて下水道に排出しているため、停電すると排出できなくなる。２０１９年、川崎市で汚水槽の設置されたタ

マンションの排水設備の特徴

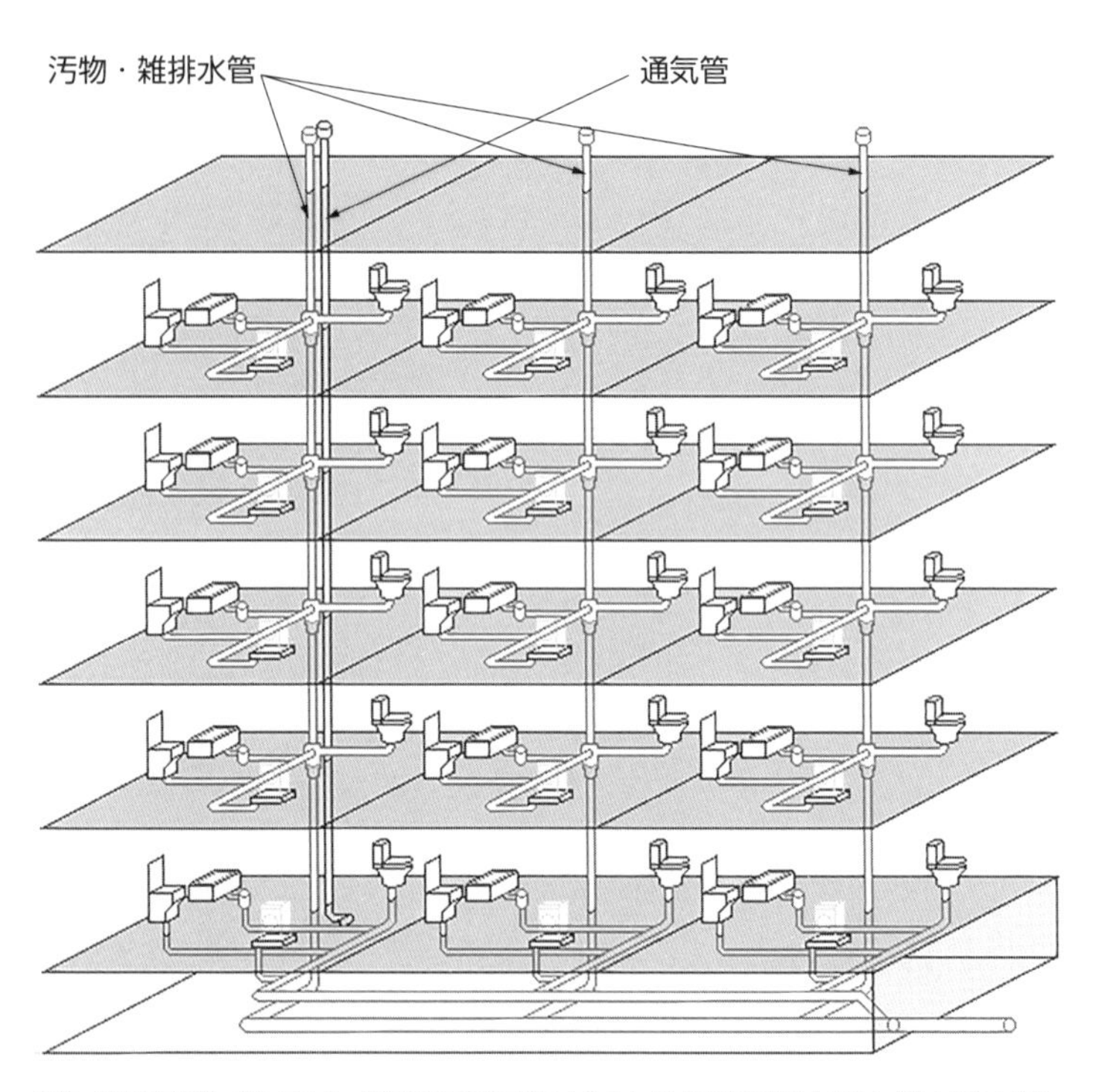

出典：公社空気調和・衛生工学会　集合住宅の在宅避難のためのトイレ使用方法検討小委員会「集合住宅の災害時のトイレ使用マニュアル作成手引き」2020年６月

ワーマンションにおいて、豪雨によって地表が冠水し、排水量を上回る雨水の貯留槽への流入により水が溢れて地下電気室が浸水し、停電によって汚水ポンプが停止、自宅トイレが使用できなくなるトラブルが発生している。

各住戸にディスポーザ（生ごみ処理機）を設置しているマンションでは、キッチン排水口からディスポーザ処理槽まで、キッチン排水を単独で運ぶための専用配管が施工されている。ディスポーザ処理槽に、流入ポンプ、放流ポンプが設置されている場合は、停電時にポンプが停止するため、事前に停電時の対応について確認しておく必要がある。

分流式下水道処理区域では、汚水と雨水は、それぞれ専用排水管で搬送され、雨水系統は、公共水域に放流される。敷地内には汚水桝と雨水桝が施工されるが、マンホールトイレは、汚水桝に設置する必

マンションの排水系統図の一例

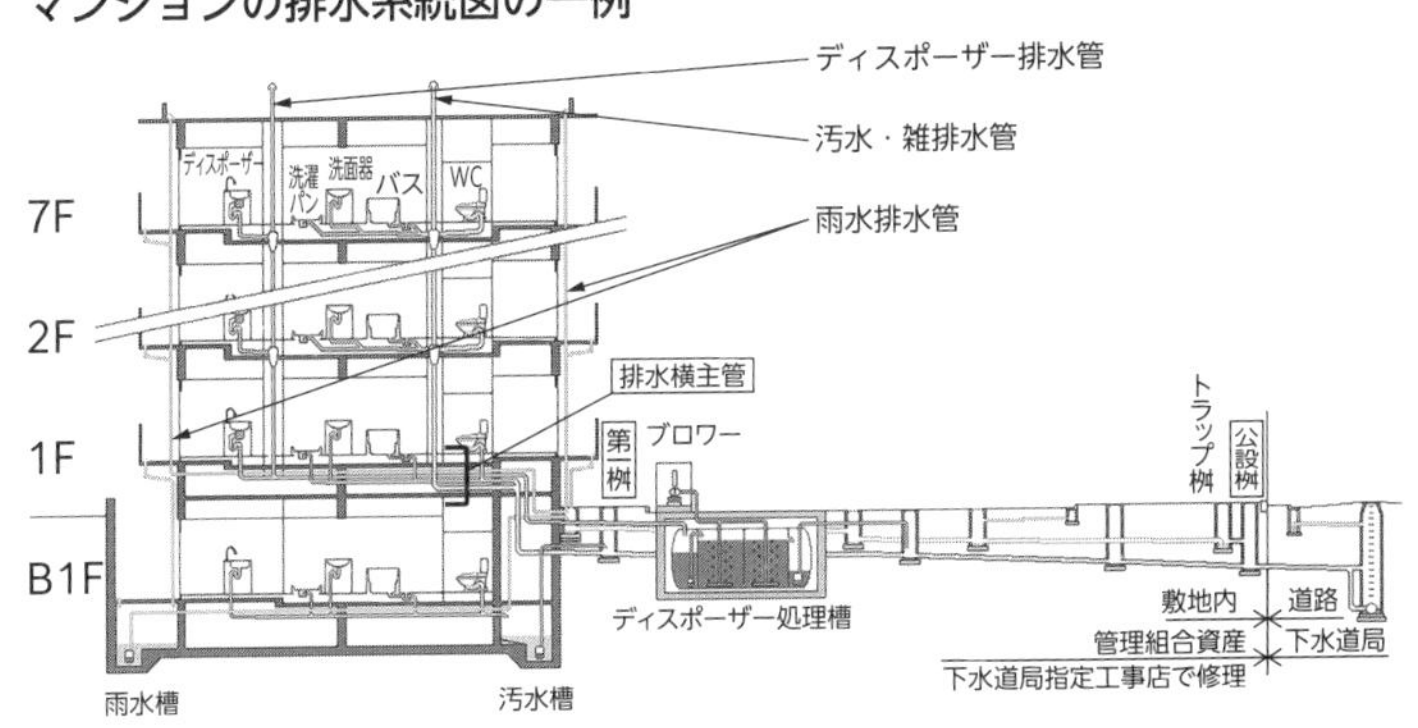

出典：公社空気調和・衛生工学会　集合住宅の在宅避難のためのトイレ使用方法検討小委員会「集合住宅の災害時のトイレ使用マニュアル作成手引き」2020年6月

要がある。

このように、居住するマンションによって排水設備が異なるため、事前に排水設備を確認することが重要となる。

②災害時の破損

大地震が発生すると、排水管の一部が破損することがある。下図に震災による排水設備の破損例を示す。

震災による排水設備の破損

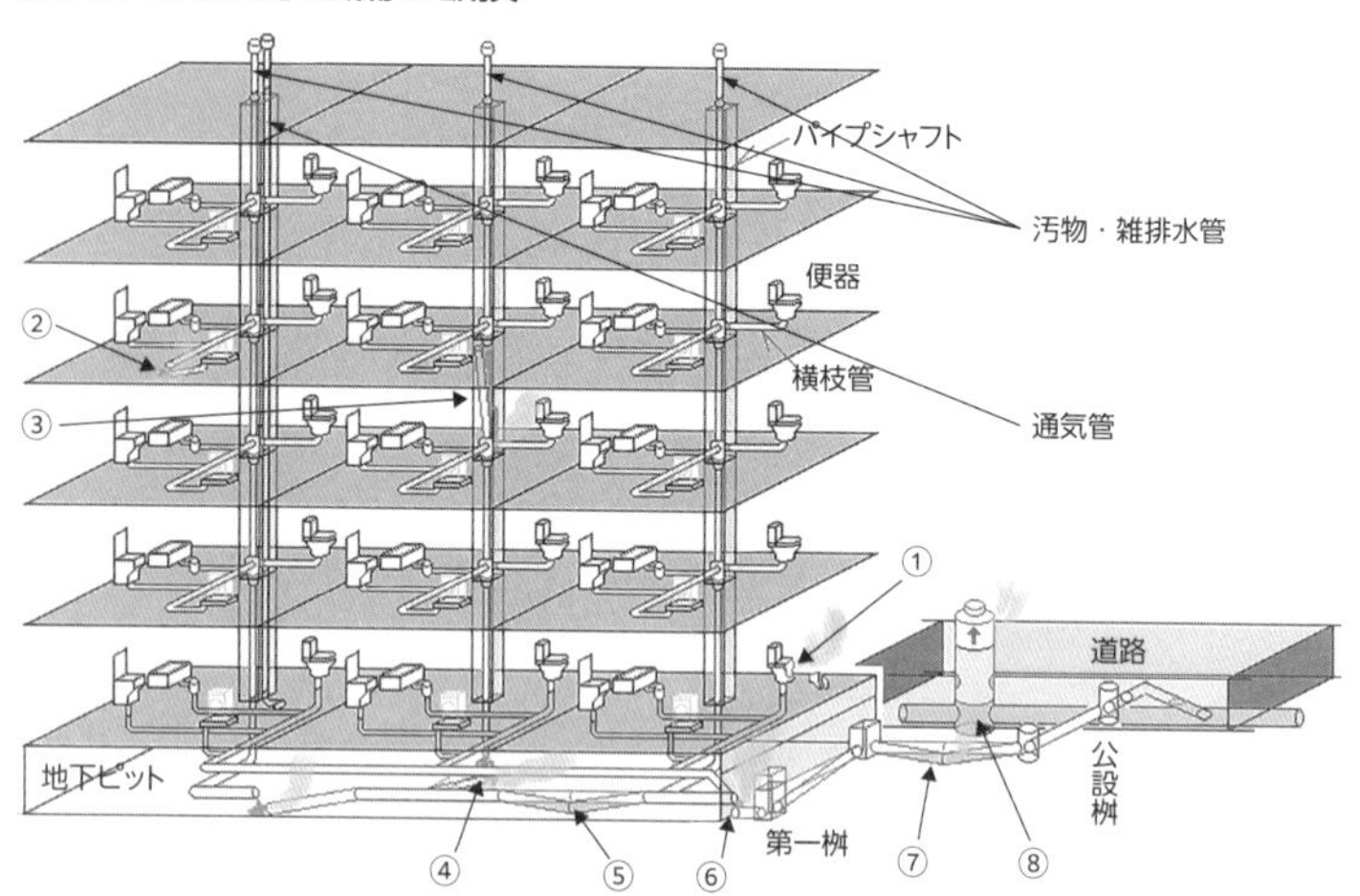

No.	被害箇所	被害の内容
①	トイレ内	便器の倒れ、破壊
②	排水横枝管	抜け、破損
③	排水立て管	抜け、破損
④	脚部継手	抜け、破損
⑤	排水横主管（ピット内）	抜け、破損、逆こう配
⑥	建物引き込み部	配管の破断
⑦	排水横主管（外構）	抜け、破損、閉塞、逆こう配、浮き上がり
⑧	下水本管	抜け、破損、閉塞、逆こう配、浮き上がり

出典：公社空気調和・衛生工学会　集合住宅の在宅避難のためのトイレ使用方法検討小委員会「集合住宅の災害時のトイレ使用マニュアル作成手引き」2020年６月

特に、地盤沈下などによる建物引き込み部の配管の破断、建物周辺の配管接続部の配管の破損による漏水、詰まりが報告されている。また、地下ピット内に吊り金具で設置された排水横主管は、地震によって揺れ、逆勾配になると詰まりの原因となり、破断するとピット内に汚物が滞留す

建物内の排水設備の破損が引き起こす排水トラブル例

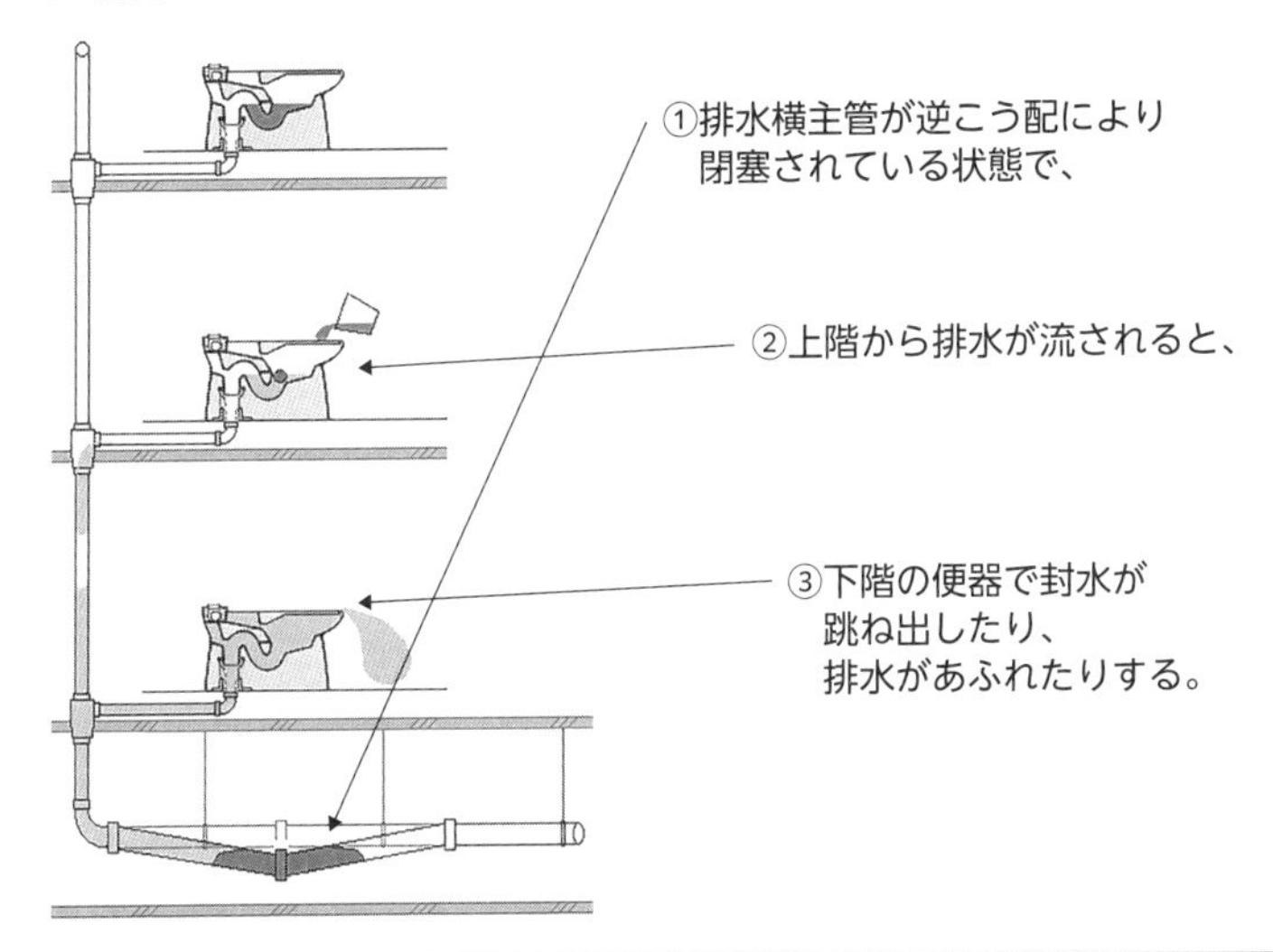

注意すべき現象	想定される原因
便器や排水管から漏水する	便器の破損、配管の抜け・破損
パイプシャフトからの異臭	配管の抜け・破損
便器から排水されない、便器から水があふれる	便器の詰まり・破損、排水横管の詰まり・逆こう配
便器の封水が頻繁になくなったり跳ね出したりする	伸頂通気管の詰まり、排水立て管の詰まり、排水横管の詰まり・逆こう配

出典：公社空気調和・衛生工学会　集合住宅の在宅避難のためのトイレ使用方法検討小委員会「集合住宅の災害時のトイレ使用マニュアル作成手引き」2020年6月

ることになる。

排水横主管と排水立て管が接続される脚部継手は、抜けや破損が生じることが考えられる。住戸内では、大便器汚水管の破損による漏水・詰まりが報告されている。排水横枝管（住戸内排水管）や排水立て管は、躯体（くたい）に支持され、躯体と一緒に揺れるため、直ちに破損することは考えにくいが、発災からしばらく経って、ひび割れなどの損傷による漏水が発生することが考えられる。

次に、建物内の排水設備の破損が引き起こす排水トラブル例を前頁の図に示す。自然流下式の排水横主管は、重力の力で流れるように勾配が確保されているが、地震の振動の影響を受けやすく、勾配がとれなくなると、徐々に汚物やトイレットペーパーが堆積し、詰まりの要因となる。排水横主管が逆勾配により閉塞している状態で、上階から排水を流すと、下階の便器で水（封水）が跳ね出したり、水が溢れたりする。

このようなトラブルを回避するため、大地震発生時には、「排水設備を点検して、損傷がないことを確認するまではトイレ洗浄水を流さない」ことが求められている。

(2)――マンションでの必要な対策

①自助・共助による災害トイレの備蓄

災害時のトイレ対策は、下水道に排水が可能であることを前提に、マンションの給水設備と排水設備の被災状況に応じて表のようになる。水害で敷地内の排水設備が冠水した場合、あるいは、停電で汚水ポンプが停止した場合は、排水設備「損傷あり」とみなす。

マンションの給水システムは、直結直圧給水方式を除いて、ポンプを用いて各住戸へ供給するため、停電が発生すると給水設備に損傷がなくても水洗トイレの水が流せなくなる。しかし、断水が発生しても排水設備に損傷がなければ、代替水源が確保できる場合は、異常発生の兆候に注意しながらバケツ洗浄によって水洗トイレを使用することができる。

ここで、排水設備の損傷の有無を速やかに確認するため、

災害時のトイレ対策

給水設備	排水設備	代替水源	排水設備点検後のトイレの対策
損傷なし	損傷なし	—	通常使用
	損傷あり	—	災害用トイレ
断水	損傷なし	あり	バケツ洗浄
		なし	災害用トイレ
	損傷あり	—	災害用トイレ

注：表は下水道が排水の受け入れが可能な場合。下水道が受け入れできない場合は、その期間は「災害用トイレ」を使用する。

(3)（２３８頁）で述べる「災害時のトイレ使用マニュアル」の策定が必要となる。排水設備の損傷の有無を確認するまでは、携帯トイレを使用する必要がある。以下では、災害用トイレの備蓄について述べる。

②マンションで備蓄する災害用トイレ

大地震発生直後、「排水設備を点検して、損傷がないことを確認するまではトイレ洗浄水を流さない」ために、災害用トイレは必須となる。それでは、どのような種類の災害用トイレをどれだけ準備しておけばよいのか。

災害用トイレは、２０７頁の図のように、時間経過や被災状況に合わせて、複数の災害用トイレを組み合わせることが望ましい。発災時は、短時間で確保できる災害用トイレを確保する必要がある。防災基本計画では、地方公共団体は、住民に対して「最低3日間、推奨1週間」分の携帯トイレ・簡易トイレの備蓄を行うよう普及啓発を図るものとしている。

マンションでは、においの拡散防止や汚物の漏れによる衛生環境の劣化を防ぐため、密閉性・防臭性能のある携帯トイレを推奨する。一時的に各戸で保管するとしても、最終的には、ごみ置き場への搬出・保管が必要となり、密閉性や防臭性の低い容器は、マンション全体の居住環境に影響する。

表にマンションを想定した災害用トイレの特徴と留意点をまとめた。

携帯トイレは、自宅のトイレで簡便に使うことができ、有効な災害用トイレであるが、多量のごみが発生することを認識しておくことが重要である。ごみの発生量を減らすには他の災害用トイレが必要となる。具体的には、マンホールトイレと仮設トイレ（組立型）となる。

マンホールトイレは、

マンションで採用する災害用トイレの特徴と留意点

<table>
<tr><th></th><th>携帯トイレ</th><th>マンホールトイレ</th><th>仮設トイレ（組立型）</th></tr>
<tr><td>特徴</td><td>・発災直後に断水、停電、排水不可の状況であっても備蓄されていればすぐに使用が可能
・自宅のトイレが使え、新たなスペースが不要</td><td>・備蓄が比較的容易である
・入口の段差を最小限にできるため、要配慮者が使用しやすい</td><td>・設置場所の自由度がある</td></tr>
<tr><td rowspan="2">留意点</td><td rowspan="2">・排泄後の処理（ごみが発生）
・保管場所、臭気対策が必要
・自治体に処分方法を確認</td><td>・設置可能場所が限られる
・水洗用水を確保する必要がある（下水道接続型）
・バキュームカーの汲み取りが必要（一時貯留型）</td><td>・貯留可能量が限られる
・便器の下に便槽を備えているため入口に段差がある
・処分方法を確認（一般にし尿抜き取りが必要）</td></tr>
<tr><td colspan="2">・備蓄保管場所の確保
・プライバシー確保（テントタイプとパネルタイプの違い）
・臭気対策
・夜間の照明、鍵等、安全対策（堅牢さが確保されているか）</td></tr>
<tr><td rowspan="2">備考</td><td rowspan="2">・発災時、排水設備に損傷がないことを確認するまで使用必須
・5個／（人日）程度
・100～200円／個（個数による）</td><td colspan="2">・和式、洋式の区分
・車椅子利用の可否
・使用時における男女の区分
・1台／（50～100人）…過去の災害の経験より</td></tr>
<tr><td>・5～15万円／台</td><td>・25～40万円／台</td></tr>
</table>

下水道接続型と一時貯留型に分けられる。下水道接続型は、し尿を下水道施設まで搬送するための水洗用水が確保できる場合で、水洗用水が足りている期間は、連続使用が可能となる。水洗用の水源とマンホールトイレまでの搬送方法を検討することが重要である。しかし、水洗用水を確保できない場合は、一時貯留型となる。一時貯留型は、バキュームカーでの汲み取りが必要となる。また、上水復旧時に排水管が汚物で閉塞して排水できないといったリスクがある。一時貯留型の使用可能回数は、汚水桝の容量に依存する。

マンション用の仮設トイレは、保管場所の制約から組立型が現実的となる。マンホールトイレは設置場所が限られ、距離も遠くなるが、仮設トイレはエントランスの近くなど、アクセスしやすい場所に設置することができる。なお、し尿の汲み取りができれば長期にわたって利用できるが、都市部ではバキュームカーは期待できない。マンホールトイレ、仮設トイレの安全性については、居住者のみが使用するのか、不特定多数が使用するのかも考慮する必要があろう。

表は、１週間の災害用トイレ使用期間を設定し、必要となる災害用トイレの個数と備蓄コストを算出した例である。マンホールトイレの設置可能量・貯留可能量は仮想のものであり、コストも仮定の金額を設定している。

パターン①は発災後、１週間すべて携帯トイレを想定している。

パターン②は発災時、2日間は携帯トイレを使用する。3日目から受水槽の水を水洗用水としてマンホールトイレ（下水道接続型）を5基設置し、さらに仮設トイレ（固液分離型・容量255ℓ）を5台設置している。ここで、1日1基当たりの使用人数を50人／日基とすると、仮設トイレも1週間の連続使用が可能となり、

災害用トイレ備蓄コスト試算例（400戸、3.5人/戸で試算）

	災害用トイレ	数量	金額（小計）	金額（1世帯当たり）
パターン1	携帯トイレ	50,715	7,607,250	18,375
		計	7,607,250	18,375
パターン2	携帯トイレ	42,960	6,444,000	15,565
	マンホールトイレ（下水道接続型）	5	600,000	1,449
	仮設トイレ（組立型：固液分離型）	5	1,350,000	3,261
		計	8,394,000	20,275
パターン3	携帯トイレ	33,215	4,982,250	12,034
	マンホールトイレ（下水道接続型）	5	600,000	1,449
	仮設トイレ（組立型：固液分離型）	5	1,350,000	3,261
	マンホールトイレ（一時貯留型）	5	600,000	1,449
		計	7,532,250	18,194

《計算条件》
- 算定期間：発災後1週間（計8日間）
- マンホールトイレ、仮設トイレの利用人数：50人／（日基）
- 1人1日排泄回数：5回／（人日）
- 平均的排泄量：0.3ℓ／回
- 平均的1日排泄量：0.3ℓ／回×5回／（人日）＝1.5ℓ／（人日）
- マンホールトイレ［一時貯留型］有効貯留割合：70%
- マンホールトイレ［一時貯留型］使用可能日数：
  {貯留容量（ℓ）×0.7} ÷ {(1.5ℓ／（人日）×50人／（日基)}
- 仮設トイレ（固液分離型）容量：255ℓ／基
- 価格：携帯トイレ150円／個、マンホールトイレ120,000円／基、
  仮設トイレ（組立型・固液分離型）270,000円／基

マンホールトイレ（下水道接続型）と合わせて1日500人分（50人／日基×10基）の携帯トイレの削減につながる。

パターン③は、パターン②に加え、マンホールトイレ（一時貯留型）を5台設置している。1基当たりの使用人数は50人／日基である。試算には詳細を示していないが、桝の容量に応じて2日間で桝が満杯になるものから5日間使用できる桝まで含まれている。マンホールトイレ（一時貯留型）は、バキュームカーによる汲み取りが前提となることに留意する必要がある。マンホールトイレは、水洗用水の確保や設置スペースの制約から、実際には設置可能場所がかなり限られる。災害用トイレの試算は、マンホールトイレの設置可能台数を算出して、残りを携帯トイレで対応することになると思われる。

(3)――在宅避難のためのトイレ使用マニュアル

①マンション住民での事前のルールづくり

公益社団法人空気調和・衛生工学会の集合住宅の在宅避難のためのトイレ使用方法検討小委員会は、「集合住宅の災害時のトイレ使用マニュアル作成手引き」を作成し、学会ホームページに公開している。本手引きでは、災害発生時、在宅避難を実現するために、トイレ使用マニュアル作成の必要性とその作成手順を示している。

最初に必要なことは、「動機づけ」である。マンションでは、居住者全員の協力がなければトラブルを防ぐことができない。そのために、居住者にマンションの給排水設備を知ってもらい、トイレ使用マニュアル作成の必要性を理解してもらう。次に「事前作業」である。災害発生時、マンション居住者自身で設備を点検できるように、竣工図やパンフレットをもとに居住するマンションの給排水設備を把握し、実際に現地で設備を確認し点検箇所を決める。そして、誰でもわかるように点検箇所図を作成する。

「事前作業」が完了したら、居住者の合意に基づいて、トイレ使用の可否判断ルールを「対策フロー」としてまとめる。大地震を想定した標準的な対策フローを図に示す

②トイレ排水には慎重な注意が必要

発災直後が緊急点検ステップで、管理組合等の指示に基づきマニュアルを発動する。各住戸は、トイレからの排水を禁止し、携帯トイレを使用する。管理組合は、点検箇所図に従って、マンホールの浮きの有無、建物と敷地の段差の有無など、建物、敷地の外観目視調査を行い、損傷の有無を確認する。

緊急点検ステップで損傷が見つからなければ、排水設備の異常発生の兆候に注意しながら、

標準的な大地震時の対策フロー（ルール）

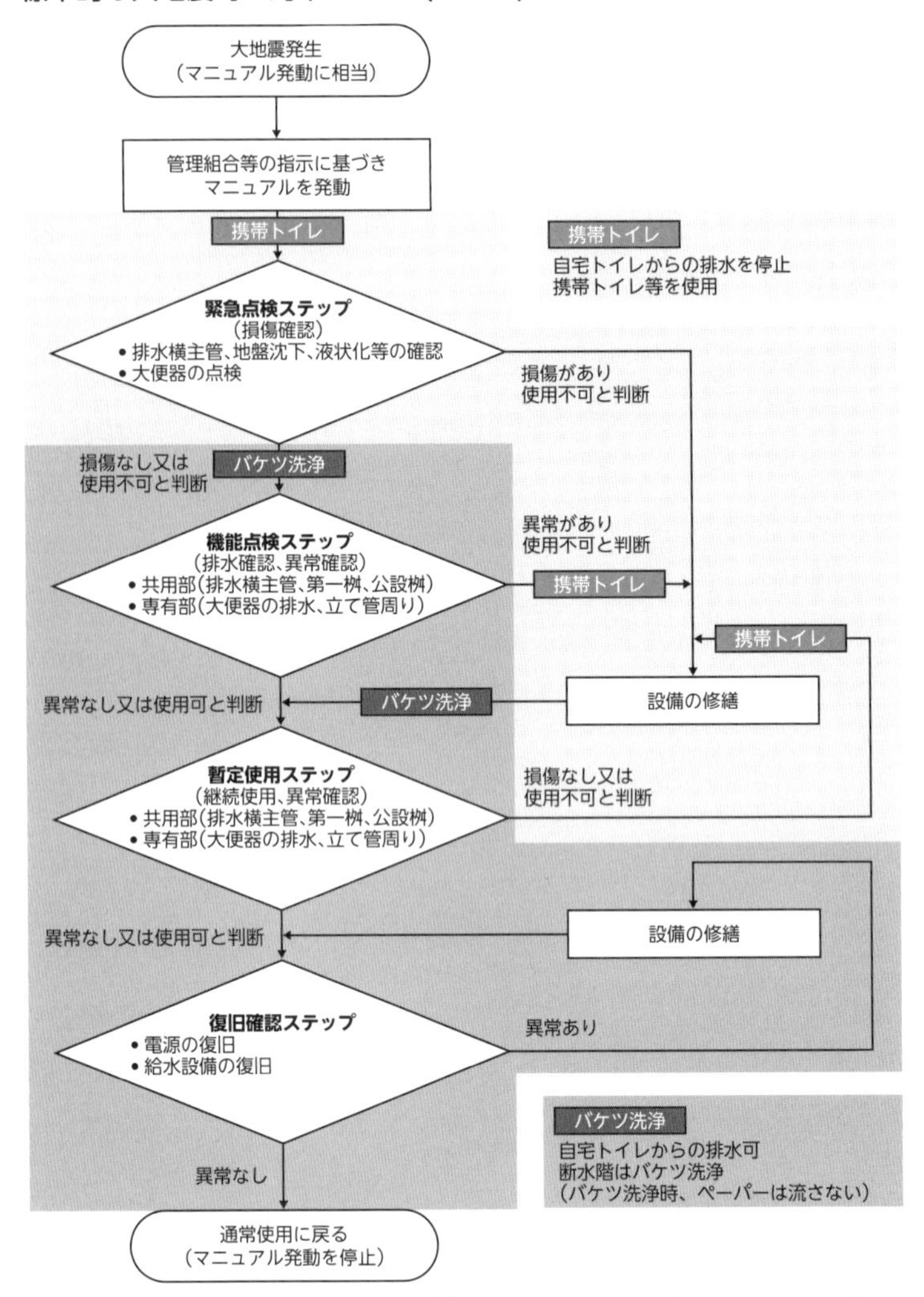

出典：公社空気調和・衛生工学会　集合住宅の在宅避難のためのトイレ使用方法検討小委員会「集合住宅の災害時のトイレ使用マニュアル作成手引き」2020年６月

トイレ排水を再開する。断水時、水が確保できる場合は、バケツ洗浄を開始する。このマニュアルのポイントは、異常発生の兆候に注意しながら、トイレ排水を再開することである。

専有部では、図に示すように、トイレの便蓋を閉めておき、トイレ使用時に蓋を開けた時、便蓋の裏側に封水が飛び跳ねて、水滴が付いていないか確認する。また、排水立て管が通っている壁や床周りが漏水していないか確認する。

管理組合は、図に示すように、第一桝、公設桝の蓋を開け、桝に土砂が流れ込んでいないか、水没してい

専有部点検箇所図

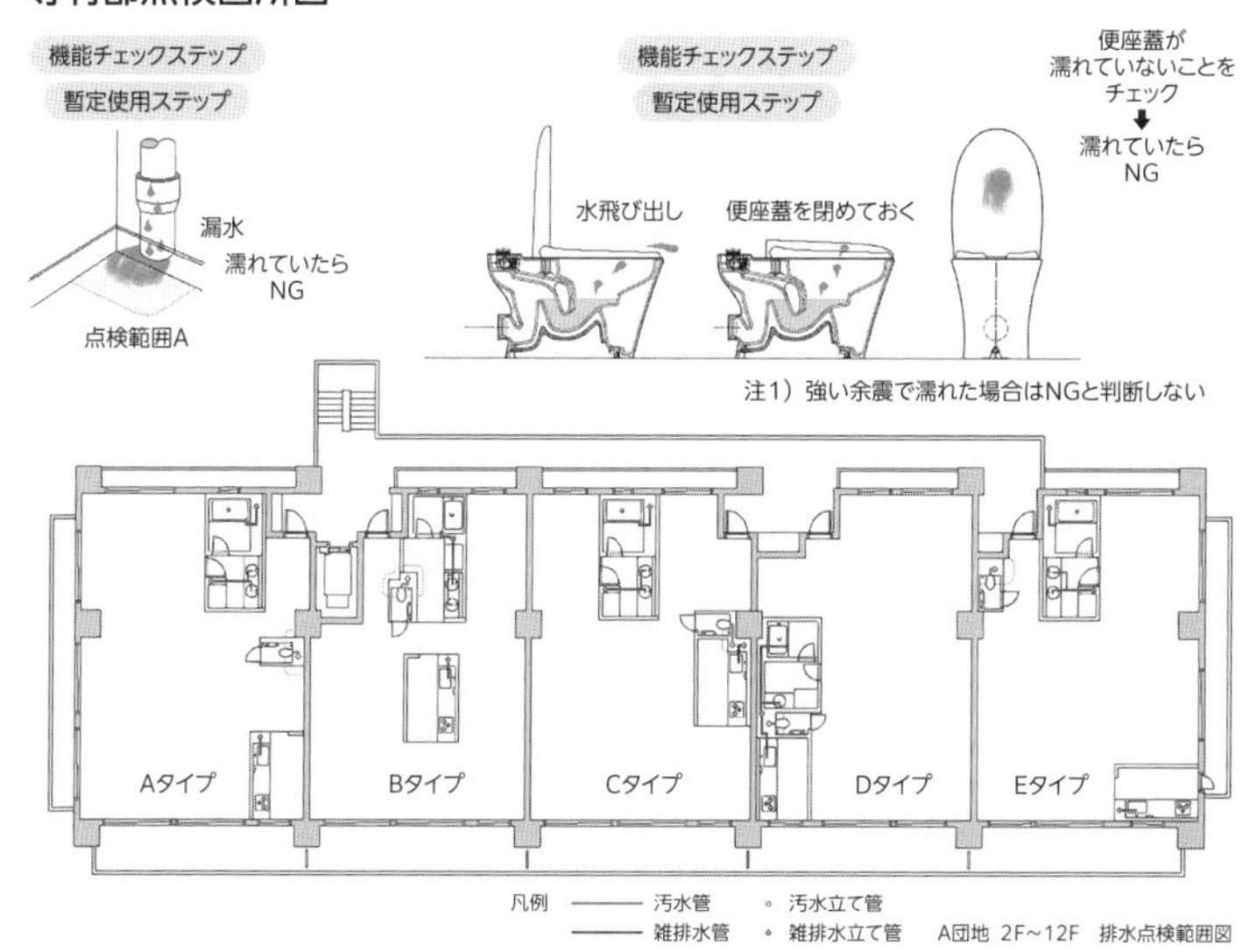

出典：公社空気調和・衛生工学会　集合住宅の在宅避難のためのトイレ使用方法検討小委員会「集合住宅の災害時のトイレ使用マニュアル作成手引き」2020年6月

ないか確認し、建物からの排水が流れてくるかを判断するため、桝にトイレットペーパーを丸めて置いておき、しばらくして流れ去っているかを確認する。このように、みんなで決めたルールに基づいて判断することにより、判断責任のリスクを回避することができる。

コロナ禍の下、災害時の分散避難が要請されている。建物の安全性が確保されたマンションの居住者が、自宅トイレを使って在宅避難できることは、自身の健康管理だけでなく、避難所の負荷を低減し、運営にも貢献することになる。

（木村　洋）

屋外配管点検箇所図

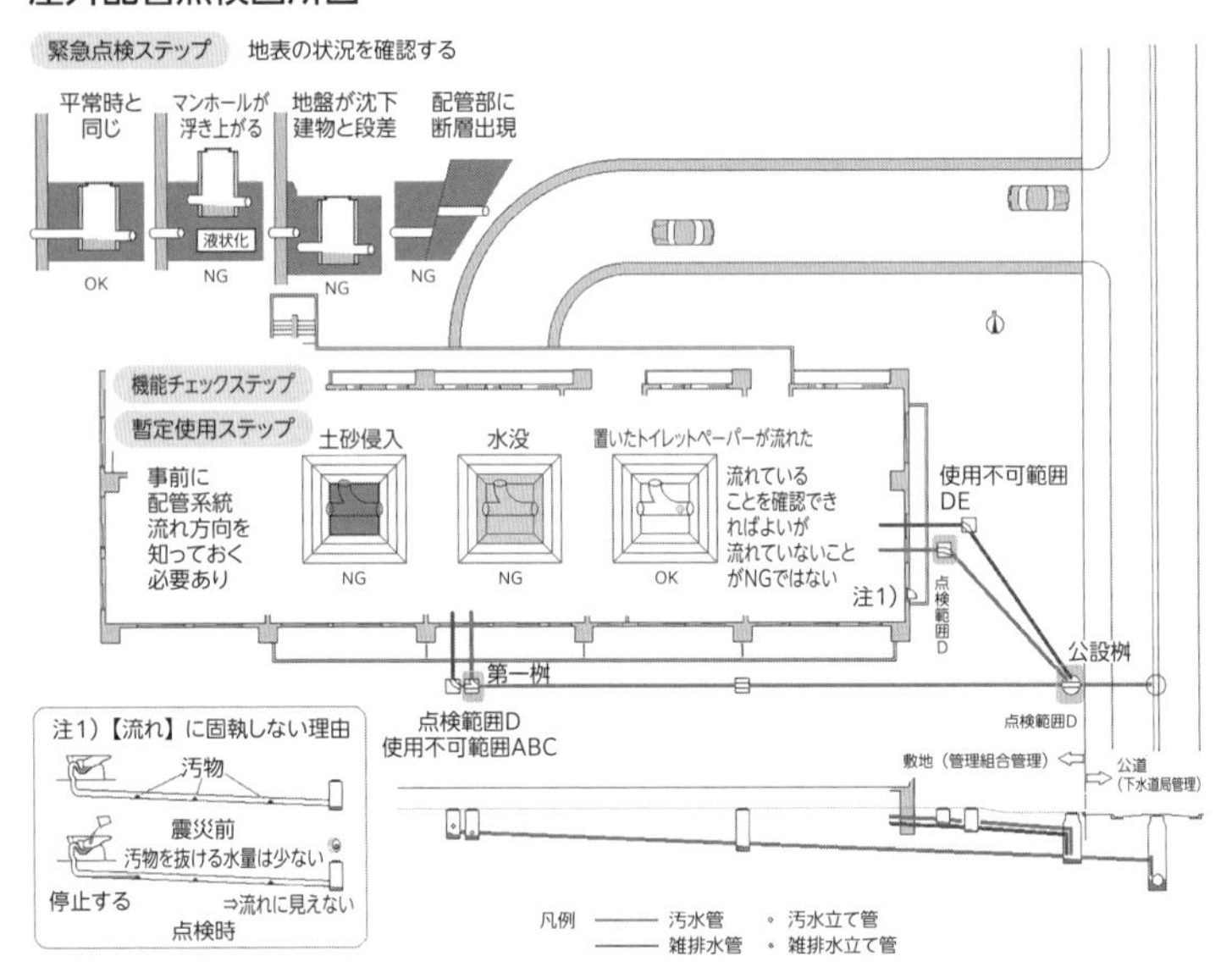

出典：公社空気調和・衛生工学会　集合住宅の在宅避難のためのトイレ使用方法検討小委員会「集合住宅の災害時のトイレ使用マニュアル作成手引き」2020年６月

おわりに

日本では近年、いつ自分自身が災害の被災者になってもおかしくないといえるほど、災害が頻発している。そして今後、大地震が高い確率で起こるということも、さまざまな報道などで示唆されている。

災害に遭うということはトイレに困るということとイコールであるが、このことはあまり知られていない。本書でも述べられているように、水や食料の備蓄は進んでいてもトイレの備蓄は進んでいないのが現状だ。確実に保証されているわけではないが、避難所に行けばトイレがあるということもあまり知られていない。本書には、このように災害時のトイレに関する事実と読者のみなさんが抱いているであろうイメージの差を埋め、様々な問題を自分事として捉えてもらい、いざという時のための心と物の備えをしてほしいという各執筆者の思いが詰まっている。災害時のトイレ問題について、ここまで深く掘り下げた書籍はおそらくまだないのではないか。そう思える内容となった。

本書は様々な形で活用できる。阪神大震災以降の日本国内で発生した災害におけるトイレ問題を学ぶ資料として、災害時のトイレを手配するためのマニュアルとして、国や自治体等の公的機関がどんな備えをしているかや、個人として何を用意しておけばよいのかも分かるようになっている。実際に災害が起きれば、その状況はこれまでのものと全く同じではないだろうし、本書に載っている範疇(はんちゅう)を超える事態になる可能性ももちろんある。しかし多くのパターンや災害時のトイレをめぐる事情を把握しておくことで、臨機応変に対応できる範囲も広がるのではないか。

筆者は（一社）日本トイレ協会災害・仮設トイレ研究会に所属し、災害時のトイレ問題を解決するために活動している。同会は2019年の発足以降、16の会員企業（2022年5月現在）が企業の垣根を越えて様々な調査・研究や災害用トイレに関する情報の発信を行っている。また、筆者自身これまで多くの災害現場を視察し、トイレに関する生の意見を聞いてきた。実際に被災地への仮設トイレ手配にも携わったこともある。このような経験から、最終的に災害時のトイレが平常時の自宅トイレと変わらない快適な環境となることが理想と考えている。それには建設業界・イベント業界等で使われる仮設トイレの仕様の底上げや、携帯トイレ・簡易トイレをレジャー時に使用する人を増やしてより身近なものにする等の取組みが不可欠だ。そしてそのような環境作りを目指して同会を初め官公庁やトイレ関連企業、団体、個人等、多くの人々が様々な努力をしていることにここで触れておきたい。

イメージが可能なことは必ず実現できる。関連する人々の努力が実り、災害時のトイレが少しでも良い環境になることを願って本書をお届けしたい。

最後に、資料・情報提供等で本書を発行するためにご協力いただいたすべてのみなさまに、この場をお借りして御礼申し上げます。

一般社団法人日本トイレ協会　災害・仮設トイレ研究会副代表幹事
谷本　亘

執筆者一覧（五十音順）　＊は編集代表

浅野幸子　減災と男女共同参画研修推進センター共同代表／早稲田大学地域社会と危機管理研究所招聘研究員

足立寛一　㈱エクセルシア代表取締役／日本トイレ協会災害・仮設トイレ研究会副代表幹事

木村　洋　㈱長谷工コーポレーション技術研究所建築環境研究室専門役

熊本好美　日野興業㈱営業企画部営業企画課／日本トイレ協会災害・仮設トイレ研究会

佐々木貞子　DPI女性障害者ネットワーク副代表

谷本　亘　日野興業㈱営業企画部部長／日本トイレ協会災害・仮設トイレ研究会副代表幹事

寅　太郎　元㈱レンタルのニッケン取締役常務執行役員／日本トイレ協会災害・仮設トイレ研究会

新妻普宣　㈱総合サービス代表取締役社長／日本トイレ協会災害・仮設トイレ研究会

三橋源一　共衛代表

山本耕平＊　㈱ダイナックス都市環境研究所代表取締役会長／日本トイレ協会災害・仮設トイレ研究会代表幹事

編　者

日本トイレ協会

1985年にトイレ問題に関心を持つ官民の有志により発足、2016年に一般社団法人。①トイレ文化の創出、②快適なトイレ環境の創造、③トイレに関する社会的な課題の改善、に大きく寄与してきた。会員相互に研鑽を積み重ね、関係各方面の協力を得ながら、主に全国トイレシンポジウムや各種講演会を通じて、最も進んだトイレ文化の華を日本に咲かせるとともに、世界への情報発信に努めている。

公式ホームページ
https://j-toilet.com/

進化するトイレ
災害とトイレ――緊急事態に備えた対応

2022年7月10日　第1刷発行

編　者――日本トイレ協会
発行者――富澤凡子
発行所――柏書房株式会社
東京都文京区本郷2-15-13（〒113-0033）
電話（03）3830-1891［営業］
（03）3830-1894［編集］

装　丁――Malpu Design（清水良洋）
本文デザイン――Malpu Design（佐野佳子）
組　版――有限会社一企画
印　刷――壮光舎印刷株式会社
製　本――株式会社ブックアート

ISBN978-4-7601-5466-1